Carmen Schön

Bin ich ein Unternehmertyp?

Für Dr. Marén Burrack

Carmen Schön

Bin ich ein Unternehmer-typ?

Eigene Fähigkeiten
einschätzen, nutzen
und optimieren

Bibliografische Information der Deutschen Nationalbibliothek

Die Deutsche Nationalbibliothek verzeichnet diese Publikation
in der Deutschen Nationalbibliografie; detaillierte bibliografische
Daten sind im Internet über http://dnb.d-nb.de abrufbar.

ISBN 978-3-89749-861-7

Lektorat: Susanne von Ahn, Hasloh
Umschlaggestaltung: Martin Zech Design, Bremen I www.martinzech.de
Umschlagfoto: Pixland/Corbis
Satz und Layout: Lohse Design, Büttelborn I www.lohse-design.de
Druck: Salzland Druck, Staßfurt

Über aktuelle Neuerscheinungen und Veranstaltungen
informiert Sie der GABAL-Newsletter unter www.gabal-verlag.de

Inhalt

1. Das Unternehmertum im Wandel der Zeit

Das Unternehmertum vor 20 Jahren

Haben sich die Anforderungen an einen Unternehmer in den letzten Jahren verändert? Wie war es vor 20 Jahren, ein Unternehmen zu gründen – und wie ist es heute?

Ich bin in einem typischen Unternehmerhaushalt groß geworden. Meine Eltern kamen beide aus Familien, in denen es nicht viel zu vererben gab, und beide mussten dafür arbeiten, sich etwas leisten zu können.

Sich etwas leisten und etwas Eigenes aufbauen zu können, das war sicherlich eines der entscheidenden Motive meiner Eltern, sich selbstständig zu machen. Mein Vater hatte eine kaufmännische Lehre absolviert, meine Mutter Rechtsanwaltsgehilfin gelernt. Als ich zur Welt kam, war mein Vater Mitte 20, meine Mutter gerade 20 Jahre alt und das Geld war knapp. Also überlegten beide, wie sie sich – neben dem Gehalt meines Vaters – etwas dazuverdienen konnten. Das, was sie in ihr Unternehmen einzubringen hatten, waren vor allem Fleiß, Durchhaltevermögen, Leidenschaft und ein Herz für die Produkte, die sie verkaufen wollten. Ohne den heute üblichen Businessplan war ihr erster Schritt der nebenberufliche Verkauf von emaillierten Streichholzschachteln, Dosen, Untersetzern und Manschettenknöpfen. In den Sechzigern waren emaillierte Metalldinge angesagt und modern. Also schafften sich meine Eltern einen kleinen Ofen an, ließen

Der unternehmerische Start meiner Eltern

7

sich von Metallherstellern Formen fertigen, kauften Farbe, bastelten ein Abzugsrohr – und fertig war die Heimwerkstatt. Mein Vater war künstlerisch sehr begabt und so entwarf er schöne Muster und Schablonen, die er später emaillierte. Ein alter Fleischerstand diente dazu, mit einem Gummihammer die Filzuntersetzer für die Metalldinge auszustechen. Und mit Zaponak wurde das Metall beschichtet und glänzte wunderbar.

Die Arbeit fing nach Feierabend an und wurde am Wochenende fortgesetzt. Zum Verkauf gingen meine Eltern auf die Märkte in Bremen – insbesondere den Bremer Flohmarkt auf dem Rathausmarkt und den Bremer Weihnachtsmarkt. Auch in Berlin und anderen Städten verkauften sie ihre Produkte an Kunstgewerbeläden. Es gab kein Büro, emailliert wurde in einem kleinen Raum in der Wohnung, später im Keller und im Dachgeschoss. Ich erinnere mich noch heute daran, wie gerne ich den Filz ausgestanzt habe, wie gut der Zaponaklack gerochen hat – und wie ich mit den bunten Perlen gespielt habe, die mit auf die Untersetzer emailliert wurden. Mein Vater entwarf Muster wie die Bremer Stadtmusikanten, andere Tiere, etwa Katzen, Autos und vieles mehr. Eine kleine von meinen Eltern emaillierte Pillendose mit dem Scherenbild eines Mädchens war meine Schatzkiste, die ich sehr hütete.

Das zweite elterliche Unternehmen Irgendwann wurde festgestellt, dass das zu emaillierende Pulver sehr bleihaltig – und damit gesundheitsgefährdend war. Die Alternative, ein weniger bleihaltiges Material zu wählen, das mit nicht so eindrucksvollem Farbglanz aufwartete, gefiel meinen Eltern nicht, und so entschieden sie sich, das Emaillieren einzustellen und etwas anderes zu versuchen. Sie nahmen Modeschmuck in ihr Sortiment auf, der sich gut verkaufte. Auch hier gab es keinen Businessplan. Meine Eltern zeichnete eines aus: Sie setzten ihre Ideen einfach um und lebten mit dem Risiko, dass die Ware sich nicht verkaufen ließ. Neben dem Modeschmuck, den meine Eltern auf Messen in Düsseldorf und Frankfurt einkauften, entdeckten sie weitere interessante Produkte – Pyramiden, Räuchermännchen und andere holzgeschnitzte Figuren aus dem Erzgebirge. Ihnen gefielen diese handgefertigten Sachen und daher waren sie guter Dinge, dass es anderen Menschen auch so gehen würde. Der Flohmarktstand wurde aufgegeben und meine Eltern konzentrierten sich auf den Bremer Weihnachtsmarkt. Der Flohmarkttisch wurde von einem professionellen Holzhaus auf dem Weihnachtsmarkt abgelöst, in dem später sogar eine Heizung vorhanden war. Das Haus und dessen Dekoration wählten meine Eltern mit viel Liebe und Leidenschaft aus – mittlerweile hat dieses Haus von der Marktleitung diverse Preise erhalten.

Für meine Mutter hieß das damals vier Wochen Dauerstress: Ware einkaufen, auszeichnen, den Stand schmücken und von morgens bis abends verkaufen – mit manchmal netten, manchmal weniger netten Kunden. Und zu allem Überfluss hatten mein Bruder und ich auch noch im Dezember Geburtstag. Der Dezember war immer ein heftiger Monat bei uns zu Hause, die Belastung meiner Mutter spürten wir alle in der Familie. Dennoch war für uns klar, dass wir in diesem Monat zurückstecken mussten und der Weihnachtsmarkt im Vordergrund stand. Dafür gab es einen Skiurlaub nach Weihnachten, den wir uns ansonsten nicht hätten leisten können. Auch heute gibt es diesen Stand noch – direkt hinter dem Wahrzeichen von Bremen, dem Roland. Meine Mutter ist dort bereits ein Original.

Und noch eine Firma

Die zweite Firma meiner Eltern, die parallel aufgebaut wurde und zum eigentlichen Lebensunterhalt diente, nachdem mein Vater festgestellt hatte, dass er in seinem damaligen Unternehmen klein gehalten wurde und mehr in ihm steckte, bestand in dem Vertrieb von chemischen und medizinischen Pflegeprodukten. Diese wurden an institutionelle

Einrichtungen und Unternehmen geliefert. Mein Vater hatte in diesem Bereich gelernt, meine Mutter arbeitete sich schnell ein. Beide brachten ihre unterschiedlichen Unternehmerqualitäten zusammen. Die Stärken meines Vaters lagen darin, Visionen zu entwickeln, sehr kreativ zu sein und zu Menschen schnell eine belastbare emotionale Beziehung aufzubauen. Meine Mutter glänzte mit Effektivität, Organisationsvermögen und Durchhaltekraft. Und eines hatten beide: Macherqualitäten.

Am Anfang war kein Geld vorhanden, also wurde ein kleines Lager gemietet, und meine Eltern zogen immer wieder in andere Räumlichkeiten um. Irgendwann war dann genug übrig, um eine eigene Halle im Gewerbegebiet zu bauen. Aber bis dahin vergingen Jahre.

Das Büro war jahrelang in unserem Haus untergebracht. Hin und wieder kam Ware während der Mittagszeit, und es war keine Frage, dass die Warenannahme dem Mittagessen vorging. Unsere Mitarbeiter hatten Familienanschluss. Seitdem ich denken kann, stand die permanente Weiterentwicklung dieser beiden Unternehmen im Fokus unseres Familienlebens. Heute würde ich sagen, dass meine Eltern neben meinem Bruder und mir ein drittes Kind hatten, das großgezogen werden wollte – die Firma. Die Firma war ein bisweilen sehr schwieriges Kind, das jede Menge Aufmerksamkeit forderte. Es gab Zeiten, in denen ich eifersüchtig darauf war – auf der anderen Seite war mir klar, dass sie uns ernährte. Hin und wieder wunderte ich mich, dass die Eltern meiner Freunde ein etwas geregelteres Privatleben hatten, als dies bei uns der Fall war. Es war für mich aber in Ordnung, so wie es war, und ich war stolz darauf, in beiden Firmen helfen zu dürfen. Auch durch den Kontakt mit anderen Unternehmern aus dem Bekanntenkreis meiner Eltern fand ich ein solches Leben völlig normal. Noch heute unterstütze ich meine Mutter zeitweise beim Verkauf auf dem Weihnachtsmarkt – früher habe ich Ware ausgefahren oder meinem Vater dabei geholfen, die Halle auszuräumen.

Warum erzähle ich das alles?

Schon als Kind war mein Eindruck, dass das Unternehmersein viel Arbeit bedeutet. Auf der einen Seite erschien es mir sehr interessant – auf der anderen Seite schreckte mich das ständige Arbeiten ab. Die Freiheit, etwas Eigenes gestalten zu können, habe ich erst zu einem späteren Zeitpunkt wirklich schätzen gelernt, als ich das erste Mal in einem Unternehmen angestellt war und Aufträge abarbeiten musste, hinter denen ich nicht stehen konnte. Unsere frühen Erfahrungen führten vorerst dazu, dass weder mein Bruder noch ich in die Fußstapfen unserer Eltern treten wollten. Denn wir hatten schnell gelernt, dass der BMW, das schöne Haus und die Urlaube uns nicht geschenkt wurden, sondern hart erarbeitet waren. Und selbst im Urlaub waren Anrufe zu Hause nötig. Bisweilen hatte ich den Wunsch, meine Eltern entspannter zu erleben, denn die Arbeit im Unternehmen hinterließ Spuren, insbesondere während der Gründungszeit waren finanzielle Sorgen und der Druck groß, was alle Familienmitglieder zu spüren bekamen. Erst viel später habe ich registriert, dass das Aufwachsen in dieser Atmosphäre sehr hilfreich war, um realistisch einschätzen zu können, was als Unternehmerin an Arbeit auf mich zukommt. Und einige wesentliche Tugenden habe ich schnell gelernt: fleißig und pünktlich zu sein – sowie durchzuhalten.

Ein Unternehmerleben ist kein Zuckerschlecken

Seit vier Jahren bin ich nun selbst Unternehmerin und wachse jeden Tag mehr in diese Rolle hinein. Der Wunsch, ein eigenes Unternehmen aufzubauen, war bei mir immer latent da, jedoch habe ich mich lange nicht getraut, diesen Weg zu gehen. Auch als Angestellte und als Führungskraft war ich im Herzen Unternehmerin im Unternehmen und habe so

Das eigene Unternehmen

gearbeitet, als gehöre das Unternehmen mir. Ich hatte das große Glück, die freenet.de AG mitzugründen und aufzubauen, und habe daher eine lange Zeit das Unternehmerdasein nicht vermisst. Es fühlte sich so an, als wäre es auch mein Unternehmen. Dieses Gefühl verschwand jedoch, als ich merkte, dass meine Leistungen nicht entsprechend finanziell honoriert wurden. Weiter, als ich feststellte, dass ich Schwierigkeiten habe, Dinge umzusetzen, hinter denen ich nicht stehe, oder eine Unternehmenskultur mit zu leben, die nicht meine ist. Das war der Zeitpunkt, an dem ich mir konkret Gedanken über die Gründung eines eigenen Unternehmens gemacht habe.

Und dann war es so weit – irgendwie kam es mehr zufällig als geplant: Eine frühere Kollegin von mir hatte sich selbstständig gemacht und wollte ihr Beratungsunternehmen vergrößern – also gingen wir eine Geschäftspartnerschaft ein. Wir haben ziemlich schnell festgestellt, dass wir beide in andere Richtungen gehen wollen, und uns wieder getrennt – haben heute aber weiterhin einen guten Kontakt.

Nun komme ich zur Beantwortung meiner Frage, warum ich Ihnen das alles erzähle. Aus einem Grund: Ich habe das Gefühl, dass die Art und Weise und auch die Motivation, ein Unternehmen zu gründen, vor einigen Jahren anders waren als zum gegenwärtigen Zeitpunkt. Ich habe mich oft gefragt, ob das daran liegt, dass ich aus einer Kleinstadt komme und dort Unternehmer anders „ticken" als in einer Großstadt oder ob es von der Art des Produktes oder der Dienstleistung abhängt, wie ein Unternehmen gegründet oder geführt wird. Jedoch geben mir Gespräche mit meinen Eltern und anderen älteren Unternehmern Recht, dass sich in den letzten Jahren vieles gewandelt hat. Was hat den Unternehmer vor 20 Jahren ausgezeichnet beziehungsweise wie hat man damals ein Unternehmen gegründet?

Vor 20 Jahren waren die Märkte noch nicht so eng wie heute, der Wettbewerb zwar spürbar, aber nicht dramatisch (zumindest nicht in allen Bereichen). Die Firmen bauten nicht massiv Arbeitsplätze ab und der Druck auf die Beschäftigten war nicht so groß wie heute. Insgesamt war die Anzahl der Mitarbeiter, die innerlich gekündigt hatten, in Unternehmen deutlich kleiner als jetzt. Ein wesentliches Motiv, ein Unternehmen zu gründen, war vor 20 Jahren sicherlich der Wunsch – wie auch bei meinen Eltern –, etwas Eigenes aufzubauen in der Hoffnung, finanziell besser dazustehen als im Angestelltenverhältnis. Oder auch nur, freier arbeiten zu können und sein eigener Chef zu sein. Weiter, gute Ideen im Markt zu platzieren, neue Dienstleistungen oder Produkte anzubieten etc. Ich glaube, dass den meisten Unternehmern noch vor einigen Jahren deutlich war, auf was sie sich eingelassen haben, wenn sie sich selbstständig machten. Damit meine ich, dass ein junger Unternehmer fleißig, beharrlich und mit viel Einsatz – bis zu 24 Stunden täglich – sein Unternehmen aufbauen musste. Dies tat er aus der Überzeugung heraus, dass es sich irgendwann rechnen würde. Sicher gibt es heute immer noch viele Unternehmer, auf die dies zutrifft. Ich beobachte jedoch, dass die Motivation, ein Unternehmen zu gründen, sich zum Teil verändert und Unternehmensgründer oft nur schlecht darauf vorbereitet sind, was sie beim Start in die Selbstständigkeit erwartet.

Wenn Sie wie ich aus einem Unternehmerhaushalt kommen, dann wird Ihnen klar sein, worauf Sie sich einlassen und welche Fähigkeiten und Eigenschaften Sie mitbringen sollten oder schnell erwerben müssen. Es machen sich aber heute auch viele Menschen selbstständig, die keine unternehmerischen Vorbilder zu Hause hatten und sich nun vielleicht fragen, was auf sie zukommt – vielleicht gehören Sie dazu. Dann möchte ich Sie einladen, mich zu begleiten. Anhand der Übungen in diesem Buch können Sie in jedem Kapitel

Das Unternehmerdasein ändert sich

überprüfen, ob Sie sich für die Gründung eines Unternehmens eignen beziehungsweise wo Ihre unternehmerischen Stärken und Schwächen liegen und wie Sie diese nutzen können und sollten.

Erfolgreiches Unternehmertum heute

Der Wettbewerb wird härter Die Märkte sind weitgehend unter Produktanbietern und Dienstleistern aufgeteilt. Neue Unternehmen gewinnen ihre Kunden in den meisten Fällen nicht dadurch, dass sie einzigartige, einmalige und neue Produkte oder Leistungen anbieten – oder der Kunde noch keine Lieferanten besitzt. Vielmehr findet ein Verdrängungswettbewerb statt, das heißt, der Kunde wechselt von Zeit zu Zeit seine Anbieter – und das ist die Chance von neuen Unternehmern, sich zu beweisen. Insofern ist heute viel Ausdauer und Durchsetzungsvermögen gefragt – der Weg zum Kunden dauert länger als noch vor einigen Jahren. Das ist nur ein Beispiel dafür, was sich in den letzten Jahren verändert hat, es stellt klar, dass Ausdauer und Durchsetzungsvermögen heute wichtiger sind denn je.

Existenzgründer sind oft schlecht informiert Auch meine Eltern „kämpfen" heute mehr um ihre Kunden als noch vor einigen Jahren. Insofern ist es heute eher schwieriger, ein erfolgreiches Unternehmen aufzubauen, als früher. Umso mehr verwundert mich häufig, dass viele Existenzgründer schlechter als etwa die Unternehmer vor 20 Jahren auf die Gründung ihres Unternehmens vorbereitet sind. Dies ist meines Erachtens nicht nötig, wenn man vorab kritisch und ehrlich hinterfragt, ob man die wesentlichen Unternehmereigenschaften besitzt oder bereit ist, sich diese anzueignen – vorausgesetzt, diese Eigenschaften sind erlernbar. Und hier kommen wir zu einem wesentlichen Punkt. Existenzgründer wissen zum Teil gar nicht, über welche Eigenschaften sie verfügen sollten, um erfolgreich ein Unternehmen aufzubauen. Woher sollen sie es auch wissen, wenn sie nicht in einer Unternehmerfamilie aufgewachsen sind. Und damit meine ich nicht die Grundtugenden wie Fleiß, Pünktlichkeit etc. – wobei der eine oder andere Unternehmer sich auch hier schon hinterfragen sollte. Ich spreche über andere Eigenschaften, sogenannte Unternehmereigenschaften. Diese werde ich im Laufe des Buches vorstellen.

Was sind es also für Menschen, die heute ein Unternehmen gründen? Ich stelle fest, dass die Gründung eines Unternehmens heute für viele Arbeitslose eine gute Möglichkeit darstellt – nach dem Arbeitslosengeld beziehen sie einen Gründungszuschuss, der höher ist als die Arbeitslosenunterstützung. Da wagt der eine oder andere schneller den Schritt zum Unternehmer, als ihm vielleicht gut tut. Die oftmals mit einer Entlassung einhergehenden großen emotionalen Enttäuschungen oder aber die Abfindung – verbunden mit dem Wunsch, nie wieder von einem Unternehmen abhängig zu sein –, sind ein zweiter Grund für die Existenzgründung. Verstehen Sie mich bitte nicht falsch, alles das kann ein guter Grund sein, sich selbstständig zu machen, und zwar erfolgreich. Aber nur dann, wenn es ein guter Anlass, aber nicht die Ursache für die Gründung eines Unternehmens ist. Denn wie bereits erwähnt, der Markt ist heute ein härterer als noch vor 20 Jahren. Da bewähren sich nur die Besten – und zu denen müssen Sie heute gehören, wenn Sie ein Unternehmen neu gründen wollen. Ich hoffe, ich habe Sie jetzt nicht verschreckt, sondern motiviert, weiter darüber nachzudenken, ob Sie ein Unternehmertyp sind.

Existenzgründung darf kein Notnagel sein

Sie müssen auch bedenken, dass es heutzutage wesentlich schwieriger ist, ein Darlehen von der Bank zu bekommen. Die gesetzlichen Bestimmungen haben sich verändert – wesentlich verschärft –, so dass für viele Existenzgründer das Startkapital schon die höchste Hürde darstellt. Da die meisten Bundesländer jedoch daran interessiert sind, die Grün-

Basel II – die Banken werden kritischer

dung von Unternehmen zu fördern, gibt es deutlich mehr Hilfsmittel und Unterstützung durch Fachkurse, als es noch vor 15 Jahren der Fall war. Diese sollten Sie nutzen!

Machen wir uns also an die Arbeit und überprüfen, ob Sie ein Unternehmertyp sind oder ob Sie sich dazu entwickeln können. Viel Freude dabei!

Übrigens: Mit dem Unternehmer ist stets auch die Unternehmerin gemeint. Aus Gründen der besseren Lesbarkeit haben wir auf die weibliche Form verzichtet.

2. Bin ich ein Unternehmertyp?

Ist man Unternehmer von Geburt an oder kann man Unternehmertum lernen?

Warum ist diese Frage interessant und wichtig? Ist es nicht egal, wann und wodurch Sie sich in Ihrem Leben aneignen, unternehmerisch zu denken und zu handeln? Im Prinzip ja – aber es ist durchaus hilfreich, wenn Sie in der Lage sind, Ihre gegenwärtigen unternehmerischen Fähigkeiten vor dem Schritt in die Selbstständigkeit realistisch einzuschätzen.

Für diejenigen unter Ihnen, die vielleicht schon im Kleinen ausprobiert haben, Geschäfte zu machen, mag die Frage sowieso keine große Bedeutung haben – zumindest dann nicht, wenn die Geschäfte erfolgreich verliefen. Es gab schon immer Schulkameraden – und vielleicht gehörten Sie dazu –, die auf dem Pausenhof anscheinend spielend in der Lage waren, mit dem Verkauf von noch so uninteressanten Gegenständen ihr Taschengeld aufzubessern. Sammelbilder, Buttons, die Übernahme von Hausaufgaben – das waren und sind die Geschäfte der ersten Stunden. Sie erkennen sich in der Beschreibung wieder? Wunderbar, dann scheint Ihnen das Geschäftemachen im Blut zu liegen. Aber was ist mit denjenigen unter Ihnen – und zu diesem Kreis gehöre auch ich –, die diese ersten Unternehmerschritte nicht vorweisen können? Heißt das, Ihre Pläne für die Existenzgründung haben sich bereits im Voraus erledigt?

Erste Geschäfte auf dem Schulhof

Natürlich nicht. Zwar hat sich sicherlich bei dem einen oder anderen aus den ersten Anfängen des Pausenhof-Handelns

Jeder kann sich entwickeln

eine weitere Karriere als selbstständiger Unternehmer entwickelt. Doch es gibt auch die ehemaligen Klassenkameraden, die man während der Schulzeit als eher schüchtern und wenig zielorientiert erlebt hat und die heute ein eigenes, florierendes Unternehmen vorweisen können. Das macht Mut und zeigt, dass eine Entwicklung in Richtung unternehmerisches Denken und Handeln für jeden von uns möglich ist. Sie alleine entscheiden jeden Tag, was Sie aus Ihren Anlagen und Fähigkeiten machen – und welche Sie neu entwickeln. Ich gebe Ihnen vollkommen Recht, wenn Sie die Erfahrung gemacht haben, dass das Entwickeln von neuen Fähigkeiten anstrengend sein kann – es hat auch nie jemand behauptet, dass es leicht ist, sich eine Existenz aufzubauen. Aber wenn Sie das Ziel erreicht haben, Ihre eigenen Visionen und Ideen umzusetzen und am Markt zu platzieren, dann werden Sie dies mit keinem noch so sicheren Arbeitsplatz tauschen mögen.

Aber noch einmal zurück – es gibt die ganz frühen Jungunternehmer, die schon im Kindesalter erfolgreich waren und die diese Karriere vielleicht sogar als Erwachsene fortgesetzt haben. Das Talent dazu scheint ihnen offenbar in die Wiege gelegt worden zu sein. Oder ist es vielleicht auch Resultat der Prägungen, die man im Elternhaus erhält? Bestimmt die Erziehung oder gar der Beruf unserer Eltern, ob wir ein Unternehmertalent werden?

Das Elternhaus prägt Es ist nicht von der Hand zu weisen, dass gerade die Erfahrungen in den ersten Jahren unseres Lebens unsere Werte, Normen und unseren Lebensstil sehr prägen. Das, was unsere Eltern uns vorleben, scheint zunächst das normale Weltbild und der richtige Weg zu sein. Stammen Sie aus einem Beamtenhaushalt oder einem Unternehmerhaushalt? Dieses sind sicherlich die beiden stärksten Gegenpole. Anders gefragt: Welche Werte spielten bei Ihren Eltern eine große Rolle? Stand die finanzielle Sicherheit im Vordergrund oder die Vision, eigene Ideen zu verwirklichen oder etwas Eigenes zu schaffen und aufzubauen? Diese frühe Prägung durch das Vorleben der Eltern hat entscheidenden Einfluss darauf, wie selbstverständlich wir in unserem Leben mit beruflichen Wechseln oder dem Schritt in die Selbstständigkeit umgehen.

Jedoch kann man auch hier keine grundsätzliche Regel ableiten. Es gibt zwar Menschen, die ganz bewusst den beruflichen Weg eines Elternteils einschlagen, entweder um die Tradition fortzuführen oder weil dies ganz einfach ihren Interessen entspricht. Es gibt aber genauso viele Beispiele, in denen die Kinder den entgegengesetzten beruflichen Weg gehen – zum Beispiel weil sie das Angestelltendasein als eintönig und langweilig wahrgenommen haben oder die Selbstständigkeit ihrer Eltern als zu risikoreich. Und unter Geschwistern setzt oft eines den beruflichen Weg der Eltern fort, während das andere etwas vollkommen anderes macht. Insofern gibt es zwar Prägungen durch das Elternhaus – jedoch ist deren Einfluss auf das berufliche Leben begrenzt.

Es gibt keine grundsätzliche Prägung, die unseren beruflichen Weg vorherbestimmt. Sie allein bestimmen, welchen Weg Sie gehen. Wesentlich für den Schritt in die Selbstständigkeit ist, dass Sie Freude am persönlichen Gestalten haben, gerne selbst entscheiden und gerne Verantwortung für das eigene Handeln übernehmen.

Haben Sie schon einmal Dinge auf dem Flohmarkt oder bei einer Wohltätigkeitsveranstaltung am Wochenende verkauft? Was für eine Erfahrung war das? Hat es Ihnen Spaß gemacht, eigenverantwortlich Waren anzubieten, zu verhandeln und Geld einzunehmen? Haben Sie sich zwischendurch Gedanken darüber gemacht, welche Dinge Sie weiter vorne positionieren sollten – da sich diese anscheinend gerade besonders

Erste Geschäfte auf dem Flohmarkt

gut verkauften? Wenn Sie diese Erfahrung gemacht haben, erinnern Sie sich sicherlich auch daran, wie stolz Sie nach so einem Tag waren, gut verhandelt zu haben – und wie viel Freude es Ihnen gemacht hat, die einzelnen Euro- und Centstücke nachzuzählen. Denn das haben Sie wirklich alleine erwirtschaftet. Das Flohmarktgeld war für mich immer das Geld, das ich mit ganz besonderer Freude und auch Überlegung ausgegeben habe. Warum? Weil ich es durch eigene unmittelbare Arbeit verdient hatte.

Nun lesen Sie diese Zeilen und denken vielleicht, prima, einen Flohmarkt habe ich bereits erfolgreich gestaltet und auch Geld eingenommen, meine Eltern waren zwar keine Unternehmer, aber das muss mich nicht hindern. Ich habe Ideen und Visionen, jedoch traue ich mich noch nicht so richtig, diese auch umzusetzen. Wie kann ich also meine Unternehmerfähigkeiten stärken und weiter herausbilden?

Hier gibt es verschiedene Wege. Zunächst ist eine gute Voraussetzung, dass Sie sich realistisch einschätzen, Ihre Stärken und Schwächen bezogen auf eine Existenzgründung herauszufinden versuchen. Sich in Frage zu stellen und sich kritisch zu beleuchten, ist eine wichtige Unternehmereigenschaft. Denn wenn der Kunde nicht mehr zu Ihnen kommt oder Sie keine Aufträge erhalten, dann können Sie natürlich immer den Markt oder den Kunden dafür verantwortlich machen, der Sie einfach nicht versteht und Ihr Angebot nicht zu schätzen weiß. Allerdings bringt Ihnen diese Haltung im Zweifel herzlich wenig, denn sie füllt nicht Ihre Auftragsbücher.

Den **Unternehmer gibt es nicht**

Es gibt unterschiedliche Möglichkeiten, seine Unternehmerfähigkeiten zu stärken, weil es verschiedene Arten von Unternehmertypen gibt. Sie haben vielleicht selbst schon beobachtet, dass erfolgreiche Unternehmer sehr unterschiedliche Charaktere haben – insofern gibt es nicht das eine klassische

Bild, an dem Sie sich orientieren können und das Erfolg verspricht. Ich kenne Unternehmer, die eine große Begabung für die Akquisition von Kunden besitzen. Es ist egal, was sie anbieten, es wird ihnen abgekauft. Sie haben Charisma, verkaufen mit Leidenschaft und wecken die Begeisterung bei den potenziellen Kunden. Nach dem Kontakt mit solchen Verkäufern müssen Sie das Produkt oder die Dienstleistung unbedingt haben, ob Sie es gerade gebrauchen können oder nicht. Sicher kennen Sie diese Art von Unternehmern. Das sind die Inhaber der Geschäfte, in denen Sie sich vornehmen, nichts zu kaufen, jedoch regelmäßig den Laden mit einem vollen Korb verlassen – gefüllt mit Dingen, die Sie nicht unbedingt benötigen und die nicht auf Ihrem Einkaufzettel standen. Ich kenne andere Unternehmer, die keine großen Fähigkeiten in Sachen Kundenakquisition besitzen, jedoch eine Dienstleistung oder ein Produkt vertreiben, die/das im Markt gefragt ist. Mir fallen hier spontan IT-Unternehmer ein, die häufig eher introvertiert sind, jedoch spezielle Dienste anbieten, bei denen die Nachfrage größer ist als das Angebot. Beide Unternehmertypen sind erfolgreich – aber aus unterschiedlichen Gründen. Ich kenne jedoch keinen Unternehmer, der eine mittelmäßige Leistung anbietet in einem hart umkämpften Markt und sich nicht darzustellen oder zu verkaufen weiß.

Damit möchte ich sagen, dass es nicht ein Modell des erfolgreichen Unternehmertyps gibt, das man einfach kopieren könnte. Auf der einen Seite mag dies frustrierend sein, da es die Entscheidung, ein Unternehmen zu gründen, erleichtern würde. Entweder Sie entsprechen dem Bild oder nicht. Auf der anderen Seite macht es aber auch viel Mut – denn es bedeutet, verschiedenste Stärken können für eine erfolgreiche Existenzgründung von Bedeutung sein und vielleicht besitzen Sie eine davon, die Erfolg verspricht.

Es gibt nicht das eine Modell des erfolgreichen Unternehmers. Unternehmer sind mit unterschiedlichen Eigenschaften erfolgreich. Überprüfen Sie daher kritisch, über welche Stärken Sie verfügen, um ein Unternehmen zu gründen, und setzen Sie diese bewusst ein.

Im folgenden Kapitel möchte ich versuchen, typische Stärken zu vergleichen und zu bündeln, so dass sich verschiedene Unternehmertypen herauskristallisieren. Ich möchte Ihnen fünf Typen vorstellen.

Die verschiedenen Unternehmertypen

> **Übung:**
> Ich lade Sie zu einer kleinen Übung ein. Schließen Sie bitte kurz die Augen und konzentrieren Sie sich. Wenn Sie an erfolgreiche Unternehmerpersönlichkeiten denken, welche Menschen fallen Ihnen dazu ein? Sind es Ihnen persönlich bekannte Menschen oder Personen aus den Medien? Wer beeindruckt Sie als Unternehmer? Welche Eigenschaften besitzt dieser Mensch, welche lebt und nutzt er, um sein Unternehmen zu führen?

Beispiele erfolgreicher Unternehmer

Wenn ich jeden Einzelnen von Ihnen hierzu befragen würde, bin ich sicher, dass ich sehr unterschiedliche Antworten bekommen würde. Der eine oder andere von Ihnen nennt mir vielleicht die Bäckerei oder den hochwertigen Schreibwarenladen um die Ecke, der auf eine besondere Art Marketing macht und schon seit Generationen mit Durchhaltevermögen, soliden Angeboten und großer Kundenorientierung trumpft. Jemand anderes würde vielleicht Herrn Görtz,

Herrn Darboven oder Frau Kullmann (Balzac Kaffee) nennen, und als imponierende Unternehmereigenschaften gute Analyse des Marktes, geschickte Positionierung oder auch große Finanzkraft.

Was sicher all diese genannten Unternehmer gemeinsam haben, ist die Tatsache, dass alle am Anfang ihrer unternehmerischen Tätigkeit eine Unternehmensidee hatten und diese umgesetzt haben – gegen mehr oder weniger Widerstand. Das, was alle weiterhin verbindet, ist der unbedingte Wille, diese Idee umzusetzen. Denn auch wenn man es auf den ersten Blick nicht sieht oder vermutet – all diese Unternehmer hatten sowohl gute als auch sehr schwere Zeiten. Aber sie haben sie überwunden und nicht aufgegeben. Welche erfolgreichen Unternehmer kennen Sie? Sind es die gleichen Eigenschaften, die diese erfolgreich machen, oder andere? Gibt es etwas, was alle trotz unterschiedlicher Charaktere besitzen oder praktizieren? Welcher Unternehmertyp ist Ihr Vorbild?

Um es vorwegzunehmen: Ja, es gibt verschiedenste Unternehmertypen, die trotz ihrer unterschiedlichen Begabungen und Stärken erfolgreich sind. Das heißt, Sie müssen nicht einem Unternehmerstandard entsprechen, sondern können mit den unterschiedlichsten Fähigkeiten Geschäfte machen. Das macht zunächst einmal Mut. Sicherlich werden Sie feststellen, dass Grundtugenden und Werte wie Durchhaltevermögen, Pünktlichkeit, Fleiß und Einsatz bei den meisten erfolgreichen Unternehmern zu finden sind. Jedoch gibt es andere Fähigkeiten, die sehr unterschiedlich ausgeprägt sind. Da das tägliche Business von Ihnen Verschiedenes verlangt, ist es gut zu wissen, in welchen Bereichen Sie eigene Stärken haben und in welchen Sie sich vielleicht Unterstützung von außen holen sollten.

Beispiel

Ein zahlenorientierter Unternehmer hat eine besondere Stärke darin, Controlling zu betreiben, Angebote zu kalkulieren oder auch die Steuererklärung anzufertigen. Dagegen verfügt er vielleicht nicht über die Visionskraft und die Macherqualitäten, sein Geschäft mit einer konkreten Idee zu unterlegen und diese zu realisieren. Ein Visionär mag viele kreative Geschäftsideen haben, jedoch fehlt ihm vielleicht die notwendige Fähigkeit, die Vision auch umzusetzen und Taten folgen zu lassen. Ein Macher bewegt vieles in seinem Unternehmen, kalkuliert jedoch möglicherweise die Preise nicht richtig, so dass er trotz großem Arbeitseinsatz keinen Gewinn erwirtschaftet.

Wenn Ihnen deutlich ist, wo die Stärken liegen, die Sie ausmachen und die Sie in Ihr Unternehmen einbringen möchten, dann können Sie sich vorab viel Frustration ersparen, denn Sie wissen genau, wo Ihre Grenzen sind und wen Sie zur Unterstützung benötigen. Fangen wir also damit an, herauszufinden, wo Ihre Unternehmerstärken liegen.

Vorab möchte ich bemerken, dass es keinerlei Besser oder Schlechter bezüglich der beschriebenen Unternehmertypen gibt. Außerdem gibt es keinen Unternehmer, der nur das eine oder das andere ist. Vielmehr vereinen alle Unternehmer verschiedenen Stärken und Schwächen. Die Art der Ausprägung der größten und dominantesten Stärke ist jedoch bei jedem Unternehmer anders. Zu wissen, in welchem Bereich Ihre unternehmerischen Stärken besonders ausgeprägt sind, hilft Ihnen, sich selbst einzuschätzen und festzustellen, wo Sie sich eventuell Unterstützung von außen holen sollten. Auch wenn Sie sich zusammen mit einer anderen Person selbstständig machen möchten, ist es sinnvoll, dies zu wissen. Optimal wäre es, wenn Sie sich mit Ihrem Kooperationspartner ergänzen und Sie beide unterschiedliche Stärken zusammenbringen. Denn so decken Sie einen größeren Bereich ab, den Sie nutzen können.

Die hier vorgestellte – wenn auch nicht ganz vollständige – Übersicht soll Ihnen helfen, ein Gefühl dafür zu bekommen, wo Ihre unternehmerischen Stärken und Schwächen liegen. Ich habe mich in der Darstellung auf drei typische Unternehmercharaktere beschränkt. Dies sind

- der Visionär,
- der Macher,
- der Zahlenorientierte.

Weiter habe ich zwei heute oft anzutreffende Motivationsgründe aufgenommen, warum Menschen ein Unternehmen gründen: die Existenzgründung aus

- Jobfrust und
- als Flucht aus der Arbeitslosigkeit.

Streng genommen sind dies keine klassischen Unternehmertypen, jedoch haben sie in dieser Aufzählung ihre Berechtigung.

Lassen Sie uns zunächst den Visionär betrachten.

Der Visionär

Kennen Sie Unternehmer, die Sie als Visionäre beschreiben würden? Was ist für Sie ein Visionär? Bevor wir uns weiter mit diesem Unternehmenstyp befassen, lassen Sie uns vorab eine gemeinsame Definition für den Visionär finden.

Visionär zu sein hat etwas damit zu tun, sich Visionen, das heißt Bilder von der Zukunft, machen zu können. Visionäre sind Unternehmertypen, die in der Lage sind, ihr Unterneh-

Was den Visionär auszeichnet

men bereits jetzt in der Zukunft zu sehen. Sie können schon heute „sehen", wie ihr Unternehmen, ihre Geschäftsidee am Markt ankommen wird. Der Visionär ist fähig, sich ein Bild davon zu machen, wie seine zukünftige Arbeit aussieht, welche Kunden er akquirieren und mit welchen Leistungen er besonderen Erfolg haben wird.

Jeder hat Visionskraft Visionskraft ist wichtig, um neue Produkte, Dienstleistungen, Strategien zu entwickeln und daraus konkrete Ziele für die praktische Umsetzung abzuleiten. Nun fragen Sie sich vielleicht, wie die Visionäre das machen, welche besonderen Anlagen sie haben, damit sie in die Zukunft blicken können – und ob man dies erlernen kann. Um es vorwegzunehmen: Jeder Mensch hat die Fähigkeit, sich Dinge in der Zukunft vorzustellen. Sie haben sicher schon einmal eine wichtige Prüfung oder ein Fest, auf das Sie sich gefreut haben, vor sich gehabt. Einige Tage oder einen Abend vorher haben Sie sich vermutlich ausgemalt, wie diese Prüfung oder dieses Fest wohl werden würde. Im Falle der Prüfung haben Sie sich vielleicht vorgestellt, wie es sein wird, wenn Sie den Prüfungsraum betreten, sich der Kommission gegenübersetzen – und welches befreiende Gefühl Sie haben werden, wenn Sie die Urkunde überreicht bekommen. Sicher haben Sie sich auch ein Bild von der Feier gemacht, auf die Sie sich so gefreut haben – und sich so schon glücklich und positiv gestimmt gefühlt. All dies zeigt, dass auch Sie in der Lage sind, visionär zu denken, das heißt sich Dinge in der Zukunft vorzustellen.

Der Visionär als Unternehmertyp geht noch einen Schritt weiter. Nicht nur, dass er sich sein Geschäft in der Zukunft ausmalen kann, er besitzt darüber hinaus die Fähigkeit, neue, kreative Ideen und Ansätze zu entwickeln. Als Visionär bezeichnet man daher auch den kreativen Kopf, der vor neuen Ideen und Geschäftskonzepten geradezu sprüht.

Wie schätzen Sie sich nach dieser Beschreibung selber ein? Sind Sie der Kreative, dem permanent neue Ideen einfallen? Haben Sie hierzu ein Bild, wie Ihre Idee / Ihr Geschäft in der Zukunft aussehen wird? Oder bevorzugen Sie es, sich von anderen Ideengebern inspirieren zu lassen, und setzen deren Ideen gerne um?

Lassen Sie uns gemeinsam feststellen, ob Sie ein Visionär im unternehmerischen Sinne sind.

Übung

Bitte nehmen Sie sich ein Blatt Papier und einen Stift zur Hand und beantworten für sich folgende Fragen (zehn Minuten Zeit):

Stellen Sie sich vor, Sie gründen ein Unternehmen. Mit welcher Idee gehen Sie an den Start? Was sehen Sie, was nehmen Sie wahr? Welche Produkte, Dienstleistungen bieten Sie Ihren Kunden an? Wie sieht Ihr Büro aus? Welche Kunden werden Sie haben? Wie viele Mitarbeiter werden bei Ihnen tätig sein? Wie hoch wird Ihr Umsatz sein? Bitte notieren Sie kurz, wie Ihr Unternehmen in einem, in drei und in fünf Jahren aussehen wird.

Auswertung

Welche Erfahrungen haben Sie mit dieser Übung gemacht? Hatten Sie konkrete Bilder vor Augen? Fiel es Ihnen leicht, sich in diese Situation zu versetzen? Oder hatten Sie Schwierigkeiten, etwas aufzuschreiben, und Ihnen kamen keine Bilder? Hatten Sie eine Unternehmensidee oder warten Sie auf die Inspiration von außen? Dies sind erste Hinweise darauf, ob Sie Visionskraft besitzen oder nicht. Damit ist keine Bewertung verbunden. Auch ohne verstärkte Visionskraft können Sie in der Lage sein, ein erfolgreiches Unternehmen aufzubauen. Jedoch benötigen Sie dann Visionen von außen. Visionen zu haben – kreativ zu sein –, das kann man nur bedingt üben. Ob uns die Muse küsst oder nicht, ist oftmals in uns angelegt. Manchmal hat es auch etwas damit zu tun, ob wir uns trauen, quer und anders zu denken – ohne dass uns unsere innere Instanz davon zurückhält und schon vorab bewertet, was richtig und was falsch, passend oder unpassend ist. Dieses unverstellte Denken haben viele Menschen im Laufe ihres Lebens verlernt, da sie die Erfahrung gemacht haben, dass ihre Ideen in Unternehmen sowieso nicht gefragt sind und sie besser fahren, wenn sie einfach das umsetzen, was ihnen ihr Vorgesetzter befiehlt. Lassen Sie uns daher Folgendes festhalten:

Visionen sind Antrieb zum Aufbau eines Unternehmens. Aus ihnen heraus entwickeln Sie Geschäftsideen und definieren konkrete Schritte, die zur Umsetzung dieser Ideen entscheidend sind. Sollte es Ihnen schwerfallen, eigene Visionen zu entwickeln, können Sie trotzdem Unternehmer werden. In diesem Fall sind Sie jedoch auf Inspiration von außen angewiesen. Bis zu einem gewissen Grade können Sie Ihre Visionskraft auch trainieren.

Da unternehmerische Visionäre fähig sind, sich ein Bild von der Zukunft zu machen, verfügen sie meistens über eine hohe Motivation und auch Leidenschaft für ihr noch nicht gegründetes Unternehmen. Weil sie ein Ziel „sehen", bewegen sie sich auf dieses zu, das heißt, sie wissen genau, wohin sie wollen. Dies ist ein großer Vorteil. Visionäre wirken mit ihren Ideen auf andere oft mitreißend. Sie malen ihr Bild der Zukunft häufig so farbenprächtig aus, dass man ihnen folgen muss. Ihre Begeisterungsfähigkeit steckt an – ob man will oder nicht.

Wo Licht ist, ist auch Schatten. Visionäre haben natürlich auch Schwächen. Was glauben Sie, welche sind das? Wenn Sie selbst sich als Visionär einschätzen, was macht Ihnen Schwierigkeiten?

Menschen, die viel in der Zukunft leben, befinden sich mit ihren Gedanken häufig nicht so sehr in der Gegenwart. Das heißt, sie sind zwar in der Lage, ein großes und attraktives Ziel zu beschreiben, ihnen fehlen jedoch oft das Realitätsbewusstsein und die Kraft zur operativen Umsetzung. Aber was nützt eine gute Idee, wenn man diese nicht praktisch umsetzen kann? Ein weiterer wichtiger Punkt ist, dass Visionäre häufig sich selbst und ihre Geschäftsidee nicht auf den Prüfstand stellen. Sie hinterfragen ihre Idee nicht. Sie malen ein großes Zukunftsszenario und vergessen dabei, dieses auf Realitätstauglichkeit zu überprüfen. Da Visionäre oft sehr leidenschaftlich beim Verfolgen ihrer Ideen sind, kann man nur zu gut verstehen, dass es ihnen nicht angenehm ist, Hürden und Hindernisse zu berücksichtigen. Aber genau dies ist für einen Unternehmer wichtig.

Woran es Visionären fehlt

Nun fragen Sie vielleicht, ob es sinnvoll ist, im frühen Stadium der Existenzgründung – die sowieso schon mit vielen Ängsten besetzt ist – auch noch die eigene Geschäftsidee in Frage zu stellen und kritisch zu durchleuchten. Ich bin der Überzeugung, dass jeder Unternehmer seine Idee kritisch hinterfragen sollte. Dabei meine ich nicht, dass man jeglicher skeptischer Anmerkung folgen sollte mit dem Ergebnis, dass man das Unternehmen nicht gründet. Jedoch wollen Sie Ihre Existenz auf diese Idee gründen und da sollten Sie sich meines Erachtens kritisch prüfen. Tun Sie das nicht und lassen sich euphorisch auf die erste Idee ein, so kann das gut gehen oder aber Sie stellen früher oder später fest, dass Sie wesentliche Einwände, Rahmenbedingungen, Auflagen etc. nicht beachtet haben, die Ihre Idee kippen lassen. Insofern sollten Sie Ihre Idee aus verschiedenen Blickwinkeln betrachten und dann entscheiden, ob Sie den Schritt zur Existenzgründung wagen oder nicht.

Wichtig: Selbstkritik

Übung:

Bitte beantworten Sie hierzu folgende Fragen:

1. Fällt es Ihnen leicht, sich vorzustellen, wie sich erste geschäftliche Ideen von Ihnen in der Zukunft entwickeln könnten? ☐ Ja ☐ Nein

2. Haben Sie ein Bild davon, wie Ihre Dienstleistung oder Ihr Produkt zukünftig aussieht und wie Sie diese am Markt platzieren könnten? ☐ Ja ☐ Nein

3. Sprühen Sie vor Ideen und neuen Ansätzen, haben Sie Zugang zu Ihrer Kreativität? ☐ Ja ☐ Nein

4. Sind Sie begeisterungsfähig und motivieren gerne andere? ☐ Ja ☐ Nein

Auswertung

Wenn Sie diese Fragen überwiegend mit Ja beantwortet haben, dann haben Sie Anteile eines unternehmerischen Visionärs in sich. Dies ist eine unternehmerische Stärke, die Sie nutzen sollten. Ohne Vision werden Sie kein Business gestalten können – und je mehr visionäre Kraft Sie besitzen, desto besser. Wichtig ist dabei nur, auch die anderen – vielleicht nicht so eindeutig ausgeprägten – Unternehmereigenschaften abzudecken, die für das Betreiben Ihres Geschäftes bedeutsam sind. Nutzen Sie also Geschäftspartner, Kooperationspartner und andere Unterstützung von außen, um Eigenschaften, die Ihnen fehlen, wie zum Beispiel Realitätsbewusstsein, Umsetzungsstärke, kritischer Blick auf mögliche Hindernisse etc. zu ergänzen.

Ein Visionär ist ein Mensch, dem es leichtfällt, neue kreative Ansätze zu gestalten und sich diese in der Zukunft vorzustellen. Ein großer Teil der Energie fließt beim Visionär in die Zukunft. Visionäre sind oftmals keine großen Pragmatiker, das heißt, ihnen fehlen die Kraft der operativen Umsetzung und das Realitätsbewusstsein. Ferner hinterfragen sie ihre Ideen häufig nicht ausreichend genug. Nutzen Sie als Visionär Hilfe und Unterstützung von außen, um diese Mankos auszugleichen.

Ich möchte Ihnen nun den zweiten Unternehmertyp vorstellen:

Der Macher

Die Beschreibung „Macher" passt zu dem Bild, das sich viele Menschen von einem typischen Unternehmer machen. Man stellt sich darunter jemanden vor, der aktiv und gestaltend seinen beruflichen Alltag verbringt. Er macht und handelt – anstatt andere machen zu lassen oder auf Dritte zu warten. Macher bewegen sich aktiv, telefonieren, organisieren oder sind auf der Reise. Macher behalten gerne alles in der eigenen Hand und haben oft Schwierigkeiten, Dinge an Dritte abzugeben. Dieses wird ihnen insbesondere dann zum Verhängnis, wenn sie nicht alles alleine abdecken können oder wenn ihre Firma wächst und sie delegieren müssen.

Was den Macher auszeichnet

Kennen Sie Unternehmer, die Macher sind? Was zeichnet diese Ihrer Meinung nach besonders aus? Nun werden Sie vielleicht einwenden, dass alle Unternehmer Macher sind, da irgendwann jeder einmal alleine ein Unternehmen gegründet hat und daher alles organisieren und umsetzen musste. Damit gebe ich Ihnen Recht. Es gibt keine Unternehmer, die nur passiv sind und andere machen lassen. Es gibt aber Unternehmer, bei denen die Macherqualitäten stärker ausgebildet sind als bei anderen. Ich kenne Unternehmer, denen es sehr leicht fällt, ihre Ideen operativ umzusetzen, und die kaum Pause machen, um sich zu verschnaufen. Und ich kenne andere Unternehmer, bei denen die Umsetzung einer Idee sehr behäbig und schwerfällig anmutet – auch wenn sie operativ werden.

Woran es Machern fehlt Während das aktive Tun eine große Stärke von Machern ist, steht auf der schwachen Seite ihre mangelnde Geduld. Oft handeln sie zu schnell und ohne Umsicht. Dies kann im Extremfall zu blinder Handlungswut führen, die nicht ziel- und ergebnisorientiert ist oder Dritte ausschließt. Macher können kaum abwarten, einen Businessplan zu erstellen oder zum Beispiel behördliche Erlaubnisse oder Genehmigungen einzuholen. Und genau diese Ungeduld kann Machern zum Verhängnis werden.

Erkennen Sie sich hier wieder oder wünschen Sie sich oft, etwas mehr Macherqualitäten zu besitzen? Meine Eltern sind beide Macher. Ihre große Stärke lag und liegt in ihrem Fleiß und der Tatsache, dass sie Dinge anpacken. Die Kehrseite der Medaille ist jedoch, dass sie in einigen Bereichen der Überzeugung waren – vielleicht noch sind –, keiner könne es so gut wie sie, und daher das Problem haben, Aufgaben zu delegieren. Das hat zur Folge, dass die Energie in die Umsetzung und nicht in Steuerung und Koordination investiert wird – und das Unternehmen ab einem gewissen Zeitpunkt nicht mehr wächst und eine persönliche Erschöpfung eintritt. Ich selbst bin ein Machertyp – ich werde gerne aktiv tätig und kann es kaum erwarten, zunächst die erforderlichen Vorarbeiten zu verrichten. Das führt hin und wieder dazu, dass ich im Nachhinein mehr Arbeit habe, als wenn ich Dinge von vornherein besser vorbereitet hätte.

Trotzdem sind Macher bis zu einem gewissen Grad sehr erfolgreiche Menschen und bestechen durch ihre Handlungen. Wünschen sie sich jedoch, dass ihr Unternehmen größer wird, so müssen diese Unternehmertypen lernen, zu delegieren und abzugeben, und akzeptieren, dass andere die Dinge genauso gut wie sie umsetzen können. Ihre Stärke und Aufgabe als Unternehmer sollte in Wachstumsprozessen Ihres Unternehmens in der Ausarbeitung neuer Strategien und nicht in der operativen Umsetzung liegen.

Ich bin der Meinung, dass die Machereigenschaften eines Unternehmers bei der Gründung eines Unternehmens am schlechtesten zu kompensieren sind. Besitzt ein Unternehmer keine Macherqualitäten, wird es nur schwer möglich sein, ein Unternehmen erfolgreich zu gründen. Dies aus einem einfachen Grund: Zu Beginn hat man meistens kein Geld, Mitarbeiter zu beschäftigen und ihnen die operative Umsetzung zu überlassen. Wenn Sie zu Anfang Dritte beschäftigen, dann sind es Experten, die Sie zur Herstellung eines gewissen Produktes oder zum Angebot einer Dienstleistung unbedingt benötigen. Sie werden in dieser Anfangsphase Ihres Unternehmens also die operativen Dinge selbst verrichten müssen. Das setzt voraus, dass Sie in der Lage sind, „die Ärmel hochzukrempeln". Sie können es sich bei Gründung Ihres Unternehmens nicht leisten, Ihre Arbeiten nach intellektuell anspruchsvoll und weniger anspruchsvoll einzuordnen – und nur die anspruchsvollen Aufgaben zu übernehmen.

Bei der Gründung hat das Machen Priorität

Wollen Sie Ihr Unternehmen erweitern, so sollten Sie als Machertyp lernen, von der Mitmachmentalität in die Steuerungs- und Strategiefunktion zu wechseln. Tun Sie das nicht, wird Ihr Unternehmen nicht weiter wachsen können – denn Ihre Mitarbeiter werden Ihnen nicht sagen können, wie die weiteren strategischen Schritte aussehen. Und wenn Mitarbeiter über diese Fähigkeit verfügen, sind es oftmals diejenigen, die ein eigenes Unternehmen gründen.

In der Wachstumsphase hat Steuerung Priorität

33

Macherqualitäten sind vielleicht nicht bei jedem Menschen gleich stark ausgebildet, jedoch bei jedem aktivierbar – davon bin ich fest überzeugt. Dies setzt voraus, dass Sie sich selbst aktivieren können, vergleichbar mit einem Sportmuffel, der sich das Ziel setzt, regelmäßig zu trainieren. Auch dies ist erlernbar und hängt wesentlich von Ihrem Willen und Ihrer Motivation ab. Sind diese ausreichend ausgeprägt, so kann jeder Mensch Macherqualitäten an den Tag legen.

Übung:
Überprüfen Sie Ihre Macherqualitäten anhand folgender Fragen:

1. Setzen Sie Dinge schnell in die Tat um? ☐ Ja ☐ Nein

2. Krempeln Sie gerne die Ärmel hoch? ☐ Ja ☐ Nein

3. Tun Sie Dinge lieber selbst, bevor Sie jemanden fragen? ☐ Ja ☐ Nein

4. Erleben Sie Motivation und Befriedigung darin, zu sehen, was Sie geschafft/ getan haben? ☐ Ja ☐ Nein

Auswertung

Wenn Sie diese Fragen überwiegend mit Ja beantwortet haben, verfügen Sie über Macherqualitäten. Diese werden Ihnen helfen, ein Unternehmen zu gründen. Wenn nicht, fragen Sie sich kritisch, ob Sie in der Lage sind, Ihre Ideen operativ umzusetzen oder ob Sie einen Geschäftspartner haben, der dieses für Sie tun wird. Fragen Sie weiter, was passieren muss und was Sie motiviert, tätig zu werden.

Typische Machertypen sind Menschen, die anpacken und Dinge umsetzen. Sie fragen nicht lange, sondern werden tätig – sie „krempeln die Ärmel hoch". Macherqualitäten sind eine der wichtigsten Unternehmereigenschaften. Wenn das Unternehmen wächst, muss der Unternehmer lernen, Arbeiten zu delegieren und sich mehr der Steuerung zu widmen. Die Macherqualitäten bestehen dann im richtigen Delegieren und dem Ausarbeiten von Unternehmensstrategien.

Kommen wir zum dritten Unternehmertyp:

Der Zahlenorientierte

Vielleicht sind Sie aber auch ein zahlenorientierter Mensch? Was versteht man unter zahlenorientierten Unternehmertypen?

Kennen Sie Menschen, die bei der Erläuterung einer Idee sofort zu Stift und Papier greifen und Zahlen notieren? Notiert werden etwa möglicher Umsatz, Kosten, Marge, Gewinn etc. Ein solches Verhalten weist darauf hin, dass diese Menschen ihr Unternehmen sehr zahlenorientiert führen – und die Zahlen im Vordergrund stehen. Der klassische zahlenorientierte Unternehmertyp ist im Sprachgebrauch der Schwabe, der sein Geld zusammenhält. Und tatsächlich habe ich in meinem Berufsleben viele Schwaben kennen gelernt, auf die dies zutrifft. Aber es gibt natürlich genauso viele nord-, ost- und westdeutsche Unternehmer, die sehr zahlengläubig sind. Menschen gehen unterschiedlich an Dinge heran. Ich kenne Existenzgründer, die sich Wochen und Monate mit ihrem Businessplan beschäftigen und deren größtes Glück es ist, die aktuellen Zahlen zu kontrollieren. Dies ist durchaus wichtig, solange man parallel dazu in der

Was den Zahlenorientierten auszeichnet – was ihm fehlt

Lage ist, am Markt operativ zu agieren – was nützen die schönsten Business-Cases, wenn Sie keine Kunden akquirieren und Produkte und Dienstleistungen aktiv anbieten? Dann bleiben die Zahlen eine Idee, werden aber nicht mit Leben gefüllt.

Typische zahlenorientierte Berufe sind der des Buchhalters, des Controllers, des Bankers oder des Finanzangestellten. Kommen Sie aus diesem Bereich und haben sich dort wohl gefühlt, lieben Sie es also, sich zahlenmäßig einen Überblick zu verschaffen? Dann spricht vieles dafür, dass Sie ein zahlenorientierter Unternehmer sind. Zu den großen Stärken von zahlenorientierten Menschen gehört, dass sie sehr bodenständig und realistisch sind, das heißt gegenwärtige Situationen nachvollziehbar abbilden. Zahlenmenschen lieben es, Geschäfte in Zahlen, Daten und Fakten abzubilden. Während der Visionär sein Unternehmen in bunten Bildern auf einem Stück Papier skizziert, besteht das visuelle Bild von der Zukunft ihres Unternehmens aus Zahlen und Businessplänen. Der zahlenorientierte Unternehmer ist in der Lage, mehrere Stunden hintereinander Business-Cases zu präsentieren – und er hat sichtlich Spaß daran. Er kennt sich mit den Feinheiten des Excel-Programms aus und überrascht immer wieder mit neuen Formeln, die er erfindet, um komplizierteste Berechnungen anzustellen.

Beispiel Ich habe in einem Unternehmen mit einem Geschäftspartner zusammengearbeitet. Unsere Aufgabe bestand in der Akquisition von Kunden und dem Aufbau eines neuen Geschäftsbereiches. Statt die Kunden aktiv anzugehen und Marketing zu betreiben, beschäftigte er sich stundenlang mit dem Entwurf von Businessplänen und komplizierten Berechnungen. Dieses war auch immer der Hauptbestandteil seiner Präsentation vor dem Management-Board. Ich dagegen bin ein sehr operativer Mensch, der Zahlen ausschließlich als Mittel zum Zweck betrachtet und sich nicht lange mit Business-Cases aufhält. Beides hat Vor- und Nachteile – und die Kombination aus beidem ist unternehmerisch der beste Weg.

Es ist als Unternehmer wichtig, mit Zahlen umgehen zu können. Es ist nicht nur wichtig, sondern es ist essenziell. Was nützt Ihnen die beste Geschäftsidee und die operative Umsetzung, wenn Ihre Kosten höher sind als Ihre Einnahmen? Dann arbeiten Sie umsonst oder machen Schulden. Deswegen ist es entscheidend, zumindest die Grundzüge der Kalkulation von Preisen zu verstehen. Ob Ihnen dann eine kleine Marge zum Leben ausreicht oder Sie reich werden möchten, das entscheiden Sie ganz alleine. Nun stellen Sie sich vielleicht die Frage, ob Sie diesen Bereich nicht einfach outsourcen, also an Dritte abgeben können. Ja und nein. Die grundsätzliche Zusammensetzung Ihres Preises für Ihr Produkt oder Ihre Dienstleistung muss Ihnen klar sein. Denn oft sitzt man beim Kunden, der natürlich auch über den Preis sprechen möchte – und hier müssen Sie wissen, in welcher Bandbreite Sie sich bewegen können, ohne das Geschäft subventionieren zu müssen. Ich stelle persönlich fest, dass ich mittlerweile keinen Spaß mehr an Aufträgen habe, bei denen die Marge zwar immer noch da ist, ich mich aber unterbezahlt fühle. Am Anfang meiner Unternehmertätigkeit war ich sehr vorsichtig mit der Nennung eines Preises – und habe mich eher zu preiswert verkauft. Das ist ein ganz klassischer Anfängerfehler, der vorkommt, weil man noch nicht selbstbewusst und fordernd auftritt – und seinen Marktpreis noch nicht kennt.

Sie müssen Ihre Preise kennen

Vorsicht vor unterbezahlten Liebhabereien

Bei mir kam am Anfang hinzu, dass ich viele schlecht bezahlte Lehraufträge an Universitäten angenommen habe, und zwar, weil ich üben wollte, vor großen Gruppen zu sprechen. Überprüfen Sie bei Annahme solcher Aufträge, wie lange Sie es sich leisten können, dafür zu arbeiten. Möchten Sie lernen, vor Gruppen zu sprechen, oder Ideen ausprobieren? Ist es ein gutes Marketing? Oder haben Sie Angst vor der Akquisition zahlungskräftiger Kunden und trauen sich das nicht zu?

Alle Gründe sind akzeptabel – wenn Ihnen die Konsequenzen klar sind. Schlecht bezahlte Lehraufträge hindern Sie daran, attraktiveres Business aufzubauen. Nach acht Stunden Lehrtätigkeit werden Sie nicht mehr in der Lage sein, zum Telefonhörer zu greifen und einen Kunden anzurufen. Denken Sie daran, dass es nicht darum geht, sich zu beschäftigen und den Tag zu füllen, sondern mit dem Geschäft auch das Geld zu verdienen, das Sie brauchen. Ein Zahlenorientierter wird hier nüchtern kalkulieren und solche „Liebhaberaufträge" nicht akzeptieren.

Kommen wir noch einmal auf die Frage des Outsourcings zurück. Halten wir fest, dass Sie die grundsätzliche Zusammensetzung Ihrer Preise kennen sollten. Die Feinheiten des Businessplans können Sie meines Erachtens auch an einen Profi abgeben, der Ihnen die Zusammenhänge der Zahlen darstellt und erläutert. Wenn die Erstellung von Kalkulationen in Excel nun einmal nicht Ihr Steckenpferd ist, dann sollten Sie sich darum bemühen, die Grundzüge des Programms kennen zu lernen – und bei schwierigeren Aufgaben Fachrat hinzuzuziehen. Ich handhabe dies so und bin damit immer gut gefahren.

Lassen Sie uns im nächsten Schritt gemeinsam überprüfen, ob Sie ein zahlenorientierter Mensch sind.

Übung:

1. Fällt es Ihnen leicht, Dinge in Zahlen abzubilden? ☐ Ja ☐ Nein

2. Entdecken Sie sich dabei, Geschäftsideen lieber gleich in Zahlen statt in Schaubildern oder Prozessen darzustellen? ☐ Ja ☐ Nein

3. Können Sie gut mit Geld und Finanzen umgehen? ☐ Ja ☐ Nein

4. Lieben Sie es, mit Excel neue Tabellen und Businesspläne zu erstellen? ☐ Ja ☐ Nein

5. Machen Sie Bekannte und Freunde darauf aufmerksam, wenn sich deren Geschäftsidee nicht rechnet? ☐ Ja ☐ Nein

Wenn Sie die Fragen überwiegend mit Ja beantwortet haben, haben Sie ein besonderes Gefühl für Zahlen. Dies stellt eine Ihrer unternehmerischen Stärken dar, die Sie nutzen sollten. Achten Sie jedoch darauf, dass Sie nur so tief in die Zahlen einsteigen, wie es für Ihr Geschäft nötig ist. Wichtiger ist es, Kunden zu akquirieren – das kann ich gar nicht häufig genug erwähnen.

Auswertung

Zahlenorientierten Menschen fällt es leicht, Geschäfte in Zahlen, Daten und Fakten abzubilden. Menschen mit diesen Stärken sollten darauf achten, dass sie operativ aktiv bleiben und sich nicht hinter Zahlen „verstecken". Jeder Unternehmer sollte die zahlenmäßigen Grundzüge seines Business kennen – komplexere Berechnungen können an Dritte abgegeben werden.

Alle Typen sind gleichwertig

Vielleicht stellen Sie sich jetzt die Frage, auf welche dieser drei Unternehmereigenschaften man am ehesten verzichten kann? Verzichten kann man meines Erachtens auf keine dieser Qualitäten – ich glaube aber, dass unternehmerische Visionen und Umsetzungsfähigkeit schlechter über Dritte abzudecken sind, als sich einen Businessplan erstellen zu lassen. Im letzteren Falle können Sie immer einen externen Berater hinzuziehen, der Licht in den Dschungel der Zahlen bringt. Sie werden jedoch kaum Berater am Markt finden, die Ihnen kreative Ideen oder Power anbieten und verkaufen werden.

Sie sind nicht festgelegt

So, nun haben Sie festgestellt, welcher Unternehmertyp Sie sind. Um es hier noch einmal zu betonen: Alle Menschen verfügen immer über alle Anlagen – auch Sie. Sie werden jedoch aufgrund Ihrer persönlichen Veranlagung und Prägung einen Bereich besonders präferieren. Insofern können Sie sicher sein, dass in Ihnen sowohl der Visionär, der Macher als auch der zahlenorientierte Unternehmer stecken – jedoch leben Sie das eine zurzeit vielleicht mehr als das andere. Veränderungen und Entwicklungen sind jederzeit möglich.

Nach meinem Jurastudium habe ich zunächst jahrelang in den Bereichen Recht und Beteiligungsmanagement gearbeitet. Dort waren meine Macher- und auch zahlenorientierten Anlagen sehr gefragt – und die habe ich dort gelebt. Erst später habe ich entdeckt, dass ich auch sehr große visionäre Anteile habe, die ich mich nicht getraut habe zu leben. Heute lebe ich eher meine visionären und Macheranteile – und weniger die zahlenorientierte Seite. Insofern möchte ich Ihnen Mut machen, sich auch hier neu zu entdecken und Neues zuzulassen.

Beispiel

Als Kind fehlten keinem von uns der Mut und die Kreativität, querzudenken. Jeder war kreativ und mutig in der Auswahl einer Rolle, die er in einem Spiel übernehmen wollte. Heute scheint dieses Potenzial von vielen nicht mehr gelebt zu werden – vielleicht weil es Angst macht, den endlich gefundenen Weg zu verlassen und neue Qualitäten in sich festzustellen. Aber hier liegt aus meiner Sicht gerade die Chance, Neues zu kreieren und sich selbst anders zu entdecken.

Sie sind auf Ihre Unternehmerrolle nicht festgelegt. Überprüfen Sie, welchen Anteil Sie zurzeit leben, und überlegen Sie sich, wie Sie die noch nicht aktiv gelebten Anteile zum Leben erwecken können. Bleiben Sie nicht statisch in Ihrer Rolle, sondern wechseln Sie diese – je nach Lust und Bedarf. Sie haben die Fähigkeit und die Begabung, jede Rolle zu übernehmen, die Sie mögen.

Ganz gleich, zu welchem Unternehmertyp Sie sich derzeit zählen – vor Gründung eines Unternehmens sollten Sie Ihre Geschäftsidee auf den Prüfstand stellen und von verschiedenen Seiten beleuchten. Dies hat einen großen Vorteil: Sie

Entscheidend: die Geschäftsidee überprüfen

wissen, worauf Sie sich einlassen, und werden nicht einige Monate später mit einem Problem konfrontiert, das Sie von Anfang an hätten kennen können – und das das ganze Geschäft zum Kippen bringt. Ich bin immer wieder überrascht, dass Menschen, die sich in Bereichen selbstständig machen, bei denen Genehmigungen und Konzessionen einzuholen sind, sich damit nicht vorab beschäftigen. Es gibt nur wenige Dinge, die ein Unternehmen wirklich von Anfang an scheitern lassen – und das sind zum Beispiel behördliche Genehmigungen und Erlaubnisse. Wenn diese nicht vorliegen, dann kann man sich nur entscheiden, das Geschäft nicht angemeldet und ohne Erlaubnis zu betreiben – mit der Gefahr, entdeckt zu werden und eine hohe Strafe zu bezahlen – oder den Betrieb einzustellen. Es gibt hier keinen dritten Weg. Das ist anders, wenn zum Beispiel ein Lieferant abspringt. Hier können Sie sich notfalls einen anderen Lieferanten suchen, es sei denn, Ihr Lieferer besetzt eine Monopolstellung. Seien Sie also klug und minimieren Sie Ihre Unternehmerrisiken gleich von Anfang an. Alles andere kostet viel Zeit, Geld – und auch Nerven.

Die Walt-Disney-Übung

Um Ihre Geschäftsidee auf den Prüfstand zu stellen, möchte ich Ihnen eine Übung vorschlagen. Diese Übung heißt „Walt Disney" – benannt nach dem berühmten Comicschreiber aus den USA. Walt Disney war bekannt dafür, seine Geschäftsideen nach einem bestimmten Muster zu überprüfen. Hierzu nahm er drei Positionen ein, um die Qualität und Machbarkeit seiner Idee einzuordnen. Er überprüfte seine Idee aus der Rolle des Realisten, des Kritikers und des Visionärs. Er notierte alle Stimmen hierzu und entschied sich dann, ob seine Geschäftsidee Erfolg haben würde oder nicht. Versetzen Sie sich also einmal in die Rolle dieses bekannten und erfolgreichen Unternehmers und machen Sie es so wie er.

Übung:

Nehmen Sie sich bitte vier Blatt Papier. Schreiben Sie auf je eines „Visionär", „Macher (Realist)" und „Zahlenorientierter (Kritiker)" sowie „meine Geschäftsidee". Legen Sie alle Blätter in einem Kreis auf den Boden – in die Mitte legen Sie das Blatt mit dem Wort Geschäftsidee, im Uhrzeigersinn drum herum – mit etwa zwei Meter Abstand – die anderen Blätter. Stellen Sie sich nun nacheinander auf die Blätter und versetzen Sie sich in die jeweilige Rolle. Was sagen Sie aus der Rolle des Visionärs zu Ihrer Geschäftsidee? Was aus der Rolle des Machers (Realist) und aus der Rolle des Zahlenorientierten (Kritiker)? Schreiben Sie die jeweiligen Argumente auf und werten Sie das Ganze nachher aus. Das ist eine Möglichkeit, Ihre Geschäftsidee aus den unterschiedlichsten Perspektiven zu betrachten und einzuordnen. Die Übung hilft Ihnen, die Unternehmertypenanteile, die Ihnen nicht naheliegen, zu üben und zu integrieren. Weiter hilft sie dabei, sich die Hürden klarzumachen und von vornherein hierfür Strategien zu finden. Wenn zum Beispiel für Ihre Geschäftsidee eine Genehmigung erforderlich ist, dann wird der Kritiker dieses hier anmerken und Ihnen nahelegen, sich hierum zu kümmern, bevor Sie Weiteres planen.

Am Anfang dieses Kapitels hatte ich bereits kurz angesprochen, dass ich zwei Motive zur Unternehmensgründung, die mir am Markt zurzeit häufig begegnen, ansprechen möchte – auch wenn es streng genommen keine klassischen Unternehmertypen sind. Da ist einerseits das Motiv der Unternehmensgründung als Weg aus dem Jobfrust und andererseits als Weg aus der Arbeitslosigkeit heraus. Um es vorwegzunehmen: Ich kann beides sehr gut verstehen und nachvollziehen – und bei dem einen oder anderen von Ihnen mag es auch nicht so eindeutig sein. Vielleicht ist die gerade angedachte Restrukturierung in Ihrem derzeitigen Unternehmen oder

Ihre Freistellung nach Kündigung ein guter Anlass, sich mit dem Thema Unternehmensgründung zu beschäftigen. Wichtig ist mir, Ihnen nahezulegen, gut zu überprüfen, ob das der Grund oder nur eine gute Gelegenheit für Sie ist, sich selbstständig zu machen.

Der Existenzgründer aus Jobfrust

Unsicherheit und Unzufriedenheit wachsen

Ich habe gerade wieder eine aktuelle Umfrage gelesen, die deutlich macht, dass nur noch 16 Prozent der Mitarbeiter aktiv an der Verwirklichung und Erreichung der Unternehmensziele mitarbeiten. 84 Prozent der Beschäftigten machen mittlerweile Dienst nach Vorschrift oder haben innerlich bereits gekündigt. Eine mehr als erschreckende Zahl, die sich mit meinen Erfahrungen als Coach und Trainerin jedoch deckt. Jeder zweite Kunde von mir befindet sich in seinem Unternehmen in einer schwierigen Position. Und das hat vielfältige Gründe. Viele Unternehmen restrukturieren sich, bauen Abteilungen um, lagern Bereiche aus, verlagern die Produktion ins Ausland in der Hoffnung, die Kostenstruktur noch positiver gestalten zu können. Die sich immer schneller verändernden Märkte und der internationale Wettbewerb treiben jedes Unternehmen dazu, sich flexibel aufzustellen und neue Märkte zu suchen. Monopole fallen und auch ein bislang nicht stark profitorientiertes Unternehmen muss sich heute mit dem Wettbewerb auseinandersetzen. Zahlen werden geschönt, indem Arbeitskräfte entlassen werden – und die Führungskraft muss auf einmal zwei bis drei Arbeitsbereiche abdecken, jedoch mit weniger Mitarbeitern. Unternehmen versuchen, ihre interne Kultur zu verändern, und stellen fest, dass es schwierig ist, die Mitarbeiter zu motivieren, den neuen Weg mitzugehen. Vielleicht wäre mancher sogar hierzu bereit, wenn er die neue Strategie kennen würde – häufig steht diese jedoch gar nicht fest oder wird nicht kommuniziert.

Jeder Beschäftigte kennt Phasen, in denen die Arbeit nicht viel Freude macht. Was sich jedoch in den letzten Jahren aus meiner Sicht deutlich verändert hat, ist die Tatsache, dass viele Mitarbeiter ihre Unzufriedenheit mit dem Unternehmen, in dem sie tätig sind, nicht als vorübergehend, sondern als Dauerzustand erleben. Und dies ist ein Signal, sich mit seiner Situation auseinanderzusetzen. Geht es Ihnen zurzeit auch so? Empfinden Sie die Atmosphäre in Ihrem Unternehmen als nicht mehr tragbar? Sind Sie Aufgaben ausgesetzt, die Ihnen keine Freude mehr bereiten oder die Sie überfordern? Und haben Sie das Gefühl, dass dies kein vorübergehender Zustand ist, sondern dass es so bleiben wird? Dann gebe ich Ihnen vollkommen Recht, dass Sie sich über eine Veränderung Ihrer beruflichen Lage Gedanken machen sollten. Und nach dem einen oder anderen Unternehmen, das Sie vielleicht erlebt haben und in dem Sie nicht das gefunden haben, was Sie beruflich suchen, ist die Idee, etwas Eigenes aufzubauen, nachvollziehbar.

Wenn ich mich intensiver mit Mitarbeitern aus Unternehmern unterhalte, dann stelle ich fest, dass fast jeder eine kleine Unternehmensidee in der Tasche hat. Viele beschäftigen sich bereits seit Jahren damit, etwas Eigenes zu gründen. Die Ideen reichen vom Café um die Ecke über die Kombination von Kultur und Gastronomie bis zu IT- oder Internetgetriebenen Plattformen. Was haben Sie für eine Unternehmensidee in der Schublade? Gibt es etwas, mit dem Sie sich seit Jahren beschäftigen?

Die „Idee in der Tasche" ist für sich genommen nicht immer ein klares Anzeichen dafür, dass Sie sich aus dem Mitarbeiterstatus auch erfolgreich selbstständig machen können und sollten. Es ist nach meiner Erfahrung hier wichtig zu unterscheiden, ob Sie sich mit dem Gedanken tragen, sich selbstständig zu machen, um der jetzigen beruflichen Situation zu entkommen, oder ob Sie sich ein klares Unternehmensziel

Weg von oder hin zu?

setzen, das Sie erreichen möchten. Um es noch einmal anders zu formulieren: Bewegen Sie sich „weg von" – geht es Ihnen darum, Ihr Unternehmen und die unangenehme Atmosphäre dort schnell zu verlassen – oder aber „hin zu" – verspüren Sie einen inneren Drang, ein bestimmtes Ziel zu erreichen? Warum unterscheide ich das? Ist es nicht egal, warum Sie ein Unternehmen gründen möchten?

Ich mache die Unterscheidung, weil ich es nicht empfehlen kann, sich allein aus dem Beweggrund „nur weg von der jetzigen Arbeitssituation" selbstständig zu machen. Ich kann nachvollziehen, dass nach mehreren Unternehmen, die Sie vielleicht kennen gelernt haben und in denen Sie immer wieder das Gefühl hatten, nicht mitgestalten zu können, Dinge umsetzen zu müssen, die sinnlos sind etc., nun Ihr Wunsch übergroß ist, endlich aus diesen Strukturen herauszutreten und etwas Eigenes zu kreieren. Etwas Eigenes in der Hoffnung und mit dem Ziel, eine Unternehmenskultur zu schaffen, in der Sie und auch Ihre potenziellen Mitarbeiter sich wohl fühlen und in denen Sie Dinge anschieben können, die aus Ihrer Sicht sinnvoll sind. Keine politischen Netzwerke, über die Sie sich ärgern müssen, keine cholerischen Vorgesetzten etc. Ja nachdem, wie groß Sie gerade den Druck und Ihre Unzufriedenheit in Ihrem Unternehmen aktuell empfinden, wird der Wunsch, dort herauszukommen, größer oder weniger groß sein. Dann gibt es verschiedene Alternativen: Sie suchen sich einen neuen Arbeitgeber in der Hoffnung, dass es dort für Sie angenehmer wird – oder Sie verabschieden sich aus dem Angestelltendasein und gründen etwas Eigenes. Welcher Weg ist nun der richtige?

Vor- und Nachteile der Festanstellung

Sie sollten sich hier wirklich gut prüfen. Angestellt zu sein hat Vor- und Nachteile. Erleben Sie zu lange die Nachteile und belasten diese Sie emotional, so sind Sie geneigt, die Vorteile nicht mehr wahrzunehmen. Welche Vorteile, fragen Sie jetzt vielleicht? Monatlich ein festes Gehalt überwiesen zu bekommen, ein Büro zu haben, in dem Sie sich mit anderen austauschen können, und einen Aufgabenbereich, der schon vorhanden ist und den Sie nur noch bearbeiten müssen. Es kann für einige Menschen eine große Erleichterung sein, wenn sie Aufgaben und Arbeiten definiert bekommen – und sich diese nicht erst selbst suchen müssen. Ein Nachteil ist sicherlich, dass Sie sich an eine bereits bestehende Unternehmenskultur anpassen müssen – die Ihnen im besten Falle liegt, Sie im schlechtesten Falle jedoch belastet. Ein weiterer Nachteil kann sein, dass Sie Aufgaben erfüllen müssen, die Ihnen Ihr Vorgesetzter vorgibt – und Sie nur einen kleinen eigenen Gestaltungsbereich haben. Nun sind die aufgezählten Nachteile nicht immer vorhanden. Es gibt Unternehmen, in denen Sie die Unternehmenskultur mittragen können und in denen Ihr Aufgabenbereich nicht so fest fixiert ist, sondern Ihnen Möglichkeiten gegeben werden, Ihre Ideen gestalterisch mit einzubringen. Vielleicht arbeiten Sie zurzeit einfach in einem Unternehmen, in dem die Kultur und auch die Arbeitsplatzbeschreibung nicht zu Ihnen passen? Wenn dies der Fall ist, dann ist es aus meiner Sicht zunächst sinnvoll zu überlegen, ob Sie sich nicht ein anderes Unternehmen suchen, in dem Sie sich wohl fühlen könnten.

Ich möchte an dieser Stelle noch einmal betonen, dass die Suche nach einem neuen Job und die Gründung eines eigenen Unternehmens zwei völlig andere Dinge sind. Während die Suche nach einem neuen Aufgabenbereich in einem Unternehmen irgendwann abgeschlossen ist, sind die Gründung und der Aufbau eines Unternehmens ein lebenslanges Projekt. Es gibt Zeiten, da kostet es weniger Energie – und es gibt Zeiten, da muss alles andere im Leben zurückstehen, da das Unternehmen sich gerade auf rauer See befindet. Und das muss Ihnen klar sein. Eine gute Geschäftsidee ist ein Anfang – und sicher auch ein guter Anfang. Sie müssen aber bei der Gründung eines Unternehmens bereit dazu sein, lebenslang an Ihrem Projekt zu arbeiten. Ihr Unternehmen wird

2. Bin ich ein Unternehmertyp?

wachsen und älter werden, Strukturen und Arbeitsabläufe werden sich einspielen, aber eines wird bleiben – Sie tragen die Verantwortung.

Auch Unternehmer sind in ihrer Freiheit begrenzt

Und um ehrlich zu sein, natürlich ist es als Unternehmer möglich, die eigene Unternehmenskultur zu leben, Kunden, die einem unangenehm sind, abzulehnen, seine eigenen Prioritäten zu setzen etc. Aber all dies müssen Sie sich auch leisten können. Oftmals bestimmen der Markt, der Wettbewerb und auch der Kunde, in welche Richtung Sie gehen – auch wenn Sie am Anfang eine ganz andere Idee hatten. Der Druck, die Netzwerke, die politischen Einflüsse bei Vergabe von Aufträgen sind als Unternehmer genauso spürbar wie als Mitarbeiter in einem Unternehmen. Wenn auch zugegebenermaßen etwas anders. Sie müssen sich klar darüber sein, wenn Sie einen Auftrag ablehnen, dass Sie Ihr Geld anderweitig erwirtschaften müssen. Und das ist in einem hart umkämpften Markt nicht immer leicht. Insofern sollten Sie sich die Frage stellen, wie frei Sie heutzutage noch als Unternehmer sind. Sind Sie wirklich in Ihren Entscheidungen freier?

Eines kann ich bestätigen, es ist ein schönes Gefühl, Produkte und Dienstleistungen auf dem Markt anzubieten, hinter denen ich stehe, und das Kundengespräch so zu führen, wie ich es für richtig halte.

Um es noch einmal festzuhalten: Ein Unternehmen zu gründen aus der Motivation heraus, dem Angestelltendasein zu entfliehen und endlich sein „eigenes Ding" zu machen, ist sehr mutig – es kann gutgehen, es kann aber auch schiefgehen. Sie sollten in diesem Falle noch einmal überprüfen, inwieweit Sie auf die oben genannten Vorteile einer Angestelltentätigkeit verzichten können und ob Ihre Unternehmerbrille zurzeit rosarote Bilder zeigt, weil Sie in Ihrem jetzigen Unternehmen unglücklich sind. Das Schreiben von Bewerbungen ist heutzutage ein mittelfristiges Projekt, das zugegebenermaßen Energie kostet – es ist aber irgendwann abgeschlossen. Ein Unternehmen zu führen ist ein lebenslanges Projekt.

Überprüfen Sie gut, warum Sie ein Unternehmen gründen möchten. Überwiegt bei Ihnen die Energie „weg von" der aktuellen Situation oder „hin zu" etwas Neuem? Fragen Sie sich, inwieweit Sie auf die Vorteile einer Angestelltentätigkeit verzichten können. Seien Sie sich darüber klar, dass die Suche nach einem neuen Arbeitsplatz irgendwann beendet ist. Der Aufbau eines Unternehmens dagegen ist ein lebenslanges Projekt, das nie abgeschlossen sein wird.

Nun haben wir ausführlich über die Motivation „weg von" gesprochen – schauen wir uns noch einmal die Energie „hin zu" an. Der empfundene Jobfrust kann eine gute Gelegenheit sein, endlich das Unternehmen zu gründen, das Sie aufbauen möchten. Manchmal fehlt nur ein kleiner Schubser, und man ist bereit, den Weg zu beschreiten und das Risiko einzugehen. Die Erfahrung zeigt, dass man mit seinen Aufgaben wächst – und so ist es auch beim Aufbau eines Unternehmens. Wichtig ist allerdings, dass Sie auch wachsen wollen. Ich kenne Existenzgründer, die nicht in der Lage sind, Akquisition zu betreiben – und die sich dies auch nicht aneignen. So vergeht Monat für Monat und das Geschäft verändert sich nicht. Das kann in Ordnung sein, wenn es so viel abwirft, dass Sie gerade davon leben können – und wenn Sie mit der inhaltlichen Arbeit zufrieden sind. Sind Sie das jedoch nicht, dann empfiehlt es sich, wieder ins Angestelltenverhältnis zu wechseln.

Überprüfen wir also gemeinsam, ob Sie sich zurzeit „weg von" oder „hin zu" bewegen möchten.

Übung:

1. Sind Sie unzufrieden mit Ihrem Job?   ☐ Ja ☐ Nein

2. Denken Sie manchmal:
   „Egal was kommt, Hauptsache
   weg hier!"?   ☐ Ja ☐ Nein

3. Schwelgen Sie gerne in
   abstrakten Ideen?   ☐ Ja ☐ Nein

4. Brauchen Sie ein regelmäßiges
   Einkommen?   ☐ Ja ☐ Nein

Auswertung

Anhand der Antworten werden Sie sicher schon erkannt haben, aus welchem Grund Sie gerade eine Selbstständigkeit bevorzugen. Seien Sie hier ehrlich zu sich selbst – selbstständig zu sein kostet viel Energie, eine erfolglose Selbstständigkeit noch mehr. Viele Ja-Antworten sollten Sie stutzig machen.

Ein letztes vorhin genanntes Kapitel fehlt noch, und dieses liegt mir besonders am Herzen, weil ich als Trainerin der *H.E.I. – Hamburger Existenzgründungs Initiative –* viele Menschen im Training begleitet habe, die sich aus der Arbeitslosigkeit heraus für eine Selbstständigkeit entschieden haben. Einige mit Erfolg – einige leider erfolglos. Sind auch Sie derzeit auf Arbeitssuche und überlegen, sich selbstständig zu machen? Dann sollten Sie dieses Kapitel besonders aufmerksam lesen.

Der Existenzgründer aus der Arbeitslosigkeit

Wegen des Stellenabbaus in vielen Unternehmen und der Freisetzung von Mitarbeitern drängen heute viele Unternehmer auf den Markt, die sich zunächst arbeitssuchend melden und nach Ablauf des Arbeitslosengeldes in die Selbstständigkeit starten. Von den Beratern der Agentur für Arbeit wird dieses Ziel durchaus schmackhaft dargestellt. Die Existenzgründer erhalten nach Ablauf der Arbeitslosenunterstützung neun weitere Monate einen ähnlich hohen Betrag – als Startzuschuss. Voraussetzung sind ein kleiner Businessplan und eine Beschreibung des Geschäftsvorhabens. Um ehrlich zu sein, meine Erfahrung ist, dass diese Unterlagen keine ernsthafte Hürde bedeuten. Kleinste Geschäftsvorhaben werden positiv beschieden und eines wird vernachlässigt: die Existenzgründer auf ihre Unternehmereigenschaften zu überprüfen. Dies ist aus meiner Sicht ein Fehler – zumindest dann, wenn die Arbeitsagentur das Ziel verfolgt, dass die Neuunternehmer nachhaltigen Erfolg haben sollen. Vielleicht ist der ein oder andere Arbeitsberater auch überfordert und hat nicht die Ausbildung, das überprüfen zu können. Und es gibt tatsächlich auch Menschen, denen man die Unternehmereigenschaften nicht anmerkt, die sich jedoch bei der Arbeit an sich selbst entsprechend entwickeln.

Die Arbeitsagentur berät zu wenig

Ich bin der Meinung, dass viele Existenzgründer – die nicht aus Unternehmerfamilien kommen und keinen Kontakt zu Unternehmern haben – sich nicht darüber im Klaren sind, was auf sie zukommt. Nun ist es auch nicht sinnvoll, Probleme herbeizureden, und der ein oder andere Unternehmer mag hier äußern, dass es nur gut war, nicht zu wissen, was ihm bevorstand, sonst hätte er sich nie selbstständig gemacht. Das ist alles richtig, dennoch bin ich der Ansicht, dass es zu einer seriösen Beratung gehört, Sie als Existenzgründer darauf aufmerksam zu machen, mit welchen Themen Sie sich zukünftig beschäftigen werden müssen, um Ihnen die Chance zu geben, dazu Ja oder auch Nein zu sagen.

Wenn es nicht klappt

Nun fragen Sie vielleicht, warum? Sie werden es spätestens dann erfahren, wenn Sie selbstständig sind. Eine gescheiterte Selbstständigkeit baut Ihr Ego nicht gerade auf. Natürlich gibt es Unternehmer, die ein so großes Herz besitzen, dass sie es selbst nach zwei oder drei gescheiterten Unternehmungen immer wieder versuchen – und irgendwann vielleicht sogar großen Erfolg haben. Es gibt aber auch zahlreiche Unternehmer, die es nicht schaffen, jeden Tag als Kraftanstrengung erleben und anfangen, sich parallel wieder als Angestellter zu bewerben. Jeder, der diese Zeit einmal selbst durchgemacht hat, weiß, wie anstrengend es ist, dies durchzustehen. Man ist unsicher, wohin man gehört – ist man Unternehmer oder Mitarbeiter auf der Suche nach einer neuen Beschäftigung? Es stellen sich Schlafprobleme ein, Bauchschmerzen oder andere psychosomatische Beschwerden. Der eine oder andere mag eine gescheiterte Unternehmensgründung als durchaus positive Erfahrung sehen – vielen tut dies aber nicht gut. Ihr Selbstbewusstsein leidet und der Glaube an sich selbst schwindet. In diesem Zustand ist es noch schwieriger, sich für eine Festanstellung zu empfehlen. Hinzu kommt, dass es nach zwei bis drei Jahren Selbstständigkeit nicht einfacher wird, sich wieder in einem Unternehmen zu bewerben. Das hat verschiedene Gründe:

Schwierig: zurück zum Angestelltendasein

Der erste Grund ist, dass Ihre potenziellen Vorgesetzten Sie argwöhnisch beäugen werden vor der Frage, ob Sie überhaupt noch in der Lage sind, sich in eine Abteilung einzugliedern. Es wird Ihnen unterstellt, dass Sie jahrelang Ihr „eigenes Ding" machen konnten und jetzt Schwierigkeiten haben werden, wieder Anweisungen von oben auszuführen. Und mal ehrlich – wird es nicht auch so sein? Werden Sie nicht vielleicht mehr in Frage stellen als vor Ihrer Zeit als Unternehmer? Ich glaube, dass das wirklich zu einem Problem werden kann – zumindest dann, wenn Sie die Freiheit der eigenen Entscheidungsfindung als Unternehmer als angenehm empfunden haben.

Ein zweiter Grund ist, dass eine Führungskraft – der Sie vielleicht zuarbeiten sollen – Angst vor Ihnen haben kann. Angst, dass Sie ihr die Position streitig machen. Man kann davon ausgehen, dass das Unternehmertum Spuren bei Ihnen hinterlassen hat. Spuren, die zum Beispiel heißen, sich durchzusetzen, Vorteile zu erkennen, sich Dinge zu nehmen. All das sind Eigenschaften, die einer Führungskraft Angst machen können. Kommen Sie mit unternehmerischen Eigenschaften in den neuen Job und wollen gleich die Führung übernehmen? Das ist zurzeit das Groteske am Markt – auf der einen Seite wünscht man sich Führungskräfte mit Unternehmereigenschaften, auf der anderen Seite hält man Mitarbeiter bewusst klein, so dass sie ihren Vorgesetzten nicht gefährlich werden können.

Führungskräfte fürchten Konkurrenz

Es gibt noch einen dritten Grund, der es Ihnen schwer machen kann, als ehemaliger Unternehmer wieder in ein Angestelltenverhältnis zurückzugehen. Vielleicht waren Sie früher Spezialist für einen bestimmten Bereich und haben sich nun als Selbstständiger zwei Jahre lang weniger um die fachliche Fortbildung, sondern mehr um die Akquisition gekümmert. Und nun sollen Sie wieder als Spezialist eingesetzt werden. Das heißt auch, dass Sie mit Kollegen konkurrieren, die sich während dieser zwei Jahre weiter fachlich fit gemacht und Ihnen hier nun einiges voraushaben. Nun ist die Frage, wie das Unternehmen das bewertet. Ist es für die Position, in der Sie eingesetzt werden sollen, ein Vorteil, dass Sie „über den Tellerrand" hinausgeschaut haben – oder wird es als Nachteil empfunden, dass Sie sich zwei Jahre lang nicht mit der Fortbildung beschäftigt haben?

Die Fachbildung fehlt

Diese Dinge sollten Sie bedenken.

Eine gescheiterte Unternehmerkarriere kostet viel Kraft. Es ist danach nicht einfach, wieder als Angestellter eine geeignete Position zu finden. Überprüfen Sie daher genau, welche Motivation Sie haben, sich selbstständig zu machen. Entscheiden Sie sich – suchen Sie eine neue Position, oder wollen Sie ein Unternehmen gründen? Beides parallel wird nicht zum Erfolg führen, da Ihr Ziel und damit auch Ihre Ausstrahlung jeweils eine andere sein wird.

Das Bild des Unternehmers

Nun kann ich gut verstehen, dass Ihr Ego ein wenig mitspielt. Es hört sich einfach besser an, sich vor anderen als Unternehmer statt als arbeitssuchend vorzustellen. Interessanterweise wird heutzutage das Wort „Unternehmer" immer noch mit Attributen wie erfolgreich, vermögend, einflussreich etc. verbunden – obwohl wir alle mittlerweile Unternehmer und erst recht Existenzgründer kennen, zu denen das alles gar nicht passen mag. Aber die Besetzung des Wortes Unternehmer hält sich. Überlegen Sie gut – den Status und die Rolle zu wechseln, ist leicht getan. Diese dann auch zu füllen und den von außen an Sie herangetragenen Erwartungen gerecht zu werden, ist deutlich schwerer. Nun möchte ich nicht postulieren, dass Sie dem Bilde eines Unternehmers entsprechen müssen, das Ihre Freunde sich machen. Jedoch hat das Unternehmersein etwas mit „unternehmen" zu tun, damit, tätig zu sein, etwas zu kreieren. Selbstständigkeit bedeutet, „selbst" und „ständig" etwas zu tun – nämlich Ihr Unternehmen aufzubauen. Darüber sollten Sie sich klar sein.

Die Förderzeit sinnvoll nutzen

Ich kenne Existenzgründer, die wissen, dass sie neun Monate Gründungszuschuss erhalten, und die erst nach fünf Monaten feststellen, dass sie sich noch nicht um Kundenakquisition gekümmert haben. Sie sitzen dann in meinem Kurs zur Kaltakquisition und stellen fest, dass es gar nicht so einfach ist, an Kunden zu kommen und ein Unternehmen aufzubauen. Dass in diesem Fall der Druck unendlich groß ist und man nichts mehr richtig gestalten kann, ist nur allzu verständlich. Jedoch ist das Fördergeld keine Aufforderung, sich erst einmal zu entspannen – auch wenn Sie glauben, neun Monate seien eine lange Zeit. Das Fördergeld ist ein Zuschuss zur Unternehmensgründung – ich glaube, dass das vielen Existenzgründern nicht klar ist, viele verschätzen sich in der Zeit. Hier liegt sicher eine Schwäche der Agentur für Arbeit – es findet keine regelmäßige Begleitung und Kontrolle statt, ob der Unternehmer tatsächlich auch unternehmerisch tätig wird – er wird alleine gelassen. Meiner Meinung nach ist eine andere Betreuung allerdings auch gar nicht zu leisten – ich finde die Fördergelder und auch die Kursangebote schon äußerst großzügig. Schwimmen lernen müssen wir alle selber – das haben wir schon in frühen Kindertagen festgestellt.

Nutzen Sie die Zeit des Fördergeldes und fangen Sie konsequent am ersten Tag an, Ihr Unternehmen aufzubauen. Gehen Sie aktiv an Kunden heran und besuchen Sie die Kurse, die Ihnen die Arbeitsagentur anbietet – zum Beispiel zum Thema Kaltakquisition, Selbstmarketing, Buchhaltung etc.

Denken Sie daran – einige Hundert Bewerbungen zu schreiben ist ein hartes Brot, und sicherlich werden Sie sich in dieser Zeit nicht besonders wohl fühlen. Die Zeit geht jedoch vorbei und Sie werden an dieser Herausforderung wachsen. Etwas komplett anderes ist es, sich selbstständig zu machen – dies ist ein Lebensprojekt.

Nun hoffe ich, dass ich Sie nicht allzu sehr verschreckt habe. Das war und ist nicht meine Absicht. Ich finde es nur fair, Menschen von vornherein mit Dingen zu konfrontieren, die ohnehin kommen werden. Sie tragen Verantwortung für Ihr Leben – und daher ist es richtig, Ihnen die Informationen zur Verfügung zu stellen, die Sie dazu befähigen, eine Wahl zu treffen.

Übung:

Sind Sie sich über Ihre Motivation unsicher? Dann möchte ich Sie einladen, folgende Fragen zu beantworten:

1. Haben Sie schon öfter an die Gründung eines Unternehmens gedacht? ☐ Ja ☐ Nein

2. Haben Sie eine eigene Geschäftsidee, die Sie auf den Weg bringen möchten? ☐ Ja ☐ Nein

3. Sind Sie in der Lage, sich wirklich zu 100 Prozent auf den Aufbau Ihres Unternehmens zu konzentrieren? ☐ Ja ☐ Nein

4. Sind Sie sich bewusst, dass es nach einer gescheiterten Unternehmertätigkeit oftmals schwierig ist, wieder einen geeigneten Job im Angestelltenverhältnis zu finden? ☐ Ja ☐ Nein

Auswertung

Wenn Sie diese Fragen überwiegend mit Ja beantwortet haben, so empfehle ich Ihnen auch aus einer Arbeitslosigkeit heraus, sich konkrete Gedanken über die Gründung eines Unternehmens zu machen. Für den Fall, dass Sie die Fragen überwiegend verneint haben, bitte ich Sie, noch einmal sorgfältig zu überprüfen, aus welchen Motiven heraus Sie ein Unternehmen gründen möchten.

Wenn Sie zu dem Ergebnis kommen, dass Sie nur die unendlichen Bewerbungen vermeiden möchten und den Status „arbeitssuchend" umgehen wollen, so wird das als Energie zur Gründung eines Unternehmens nicht ausreichen. In diesem Falle sind Sie gut beraten, sich zunächst mit dem Bewerbungsverfahren zu beschäftigen. Es gibt zu viele Unternehmensgründer, die aus den genannten Gründen gescheitert sind. Diese Erfahrung sollten Sie sich ersparen. Denn auch nach einer gescheiterten Selbstständigkeit wartet ein Bewerbungsverfahren auf Sie – nur zeitversetzt.

Überprüfen Sie sorgfältig, ob Sie ein Unternehmen gründen möchten, um sich dem Bewerbungsverfahren und den potenziellen Absagen nicht zu stellen und den Status „arbeitssuchend" in „Existenzgründer" zu wandeln. Der Aufwand, ein Unternehmen zu gründen, ist ein vielfacher verglichen mit dem Schreiben von einhundert Bewerbungen. Scheitert Ihr Unternehmen, so leidet Ihr Selbstbewusstsein und es wird noch schwieriger für Sie, sich am Markt zu verkaufen – also denken Sie gut über diesen Schritt nach. Das Fördergeld sollte ebenfalls nicht alleiniger Motivationsgrund sein.

Nachdem wir uns nun ausführlich mit den unterschiedlichsten Unternehmertypen beschäftigt haben und Sie hoffentlich noch immer „an Bord" sind, möchte ich noch einen Schritt weiter mit Ihnen gehen. Stellen Sie sich vor, Sie bewerben sich in einem Unternehmen auf eine neue Position. Was tun Sie? Sie lesen die Stellenbeschreibung aufmerksam durch, schauen, welche Mitarbeitereigenschaften gewünscht werden, und vergleichen diese mit Ihren Eigenschaften. Finden Sie viele Übereinstimmungen, so passt es und Sie bewerben sich – ist es eher unpassend, stellen Sie fest, dass diese Position für Sie nicht geeignet ist.

**Unternehmerisches
Denken wird
nicht gelehrt**

Nun ist es leider so, dass es bislang noch keine Stellenbeschreibung für Unternehmer gibt. Wir lernen in den Schulen und Universitäten sehr viel Fachwissen – wir lernen jedoch nicht, Unternehmer zu sein, und erfahren auch nicht, was wir hierzu brauchen. Ähnlich ist es mit dem Management – wir erfahren nicht, was wir brauchen, um ein guter Manager, eine gute Führungskraft zu sein, und wir lernen auch nicht, wie wir uns das aneignen können. Es ist erstaunlich, dass es immer noch so wenig Angebote an Universitäten für diese Bereiche gibt – und oftmals erst in privaten MBA-Einrichtungen etwas in dieser Art zu finden ist. Anscheinend geht man immer noch davon aus, dass diese Eigenschaften und Fähigkeiten angeboren sind – das heißt, dass man sie hat oder nicht. Dies ist meines Erachtens falsch – vieles lässt sich trainieren und lernen.

Übung:

Bleiben wir bei unserem Beispiel von oben. Versetzen Sie sich in die Lage eines Personalleiters, und gehen wir davon aus, dass es Personalleiter gibt, die auch Unternehmer auf dem Markt suchen und diese zu einem Auswahlgespräch einladen möchten. Wie formulieren Sie eine Anzeige? Was erwarten Sie von dem Unternehmer? Welche Eigenschaften sollte er mitbringen, um für die Position „Unternehmer" genau der Richtige zu sein?

Welche Eigenschaften in Ihrer Anzeige aufgezählt werden sollten, möchte ich Ihnen gerne im nächsten Kapitel vorstellen.

3. Welche Eigen-schaften sollte ein Unternehmer mitbringen?

Es gilt die Formel „Umsatz und Erfolg":

U: Unternehmergeist
M: Motivation
S: Seriosität
A: Aktivität
T: Terminplanung
Z: Zielorientierung
U: Überzeugungskraft
N: Netzwerken
D: Durchhaltevermögen
E: Ergebnisorientierung
R: Realitätsbewusstsein
F: Finanzkraft
O: Originalität (USP)
L: Leidenschaft
G: Geschäftstüchtigkeit

Überprüfen Sie:
Welche Unternehmereigenschaften besitze ich? Reichen diese für eine Selbstständigkeit aus?

Sie beschäftigen sich mit der Frage, ob Sie ein Unternehmertyp sind, das heißt, ob Sie die persönlichen Eigenschaften besitzen, erfolgreich ein Unternehmen zu gründen und aufzubauen. Nun haben wir gerade festgestellt, dass es keine genauen Profilbeschreibungen gibt, die zu einem Unternehmer passen, weil man anscheinend davon ausgeht, dass man Unternehmer ist oder nicht. Werden kann man es offenbar nicht, ansonsten würde es Unternehmerschulen oder Unternehmerausbildungen beziehungsweise -Studiengänge geben, oder? Aber so etwas sieht unser Ausbildungssystem zurzeit noch nicht vor – eigentlich erstaunlich, weil wir uns Unternehmer wünschen und sie brauchen. Also gehen wir einen ersten Schritt gemeinsam und finden heraus, was einen Unternehmer ausmacht und was er benötigt.

Die lange Wanderung zum Unternehmen ... Stellen Sie sich dabei bitte folgendes Bild vor: Sie möchten eine längere Wanderung in den Bergen machen. Sie haben lange trainiert und wissen, dass diese Wanderung nicht einfach werden wird. Es gibt steinige Pfade, Höhenunterschiede, Stege ohne Begrenzung – und hin und wieder auch eine grüne Wiese, auf der Sie sich ausruhen können. Diese lange und mühevolle Wanderung, bei der Sie manchmal gerne aufgeben möchten, ist vergleichbar mit der Gründung eines Unternehmens. Um diese Wanderung gut überstehen zu können, benötigen Sie neben dem richtigen Training auch eine professionelle Ausrüstung. Ohne diese ist Ihr Weg zum Scheitern verurteilt. Wie kommt es aber, dass Menschen sich professionell vorbereiten, wenn sie auf Mallorca oder in den Alpen eine Wanderung unternehmen, die eigene Selbstständigkeit jedoch scheinbar aus dem Nichts beginnen und dann erstaunt sind, dass vieles nicht klappt und alles anstrengender ist als gedacht?

Vielleicht liegt es daran, dass viele Menschen sich keine Vorstellung davon machen können, wie es ist, ein Unternehmen zu gründen. Wie sollten sie es auch wissen, wenn sie nicht das

Glück hatten, in einem Unternehmerhaushalt groß zu werden? Weiter glaube ich, dass der Wunsch von vielen Menschen, etwas Eigenes zu gründen und zu gestalten, so groß ist, dass sie fürchten, jegliche vorherige Beschäftigung damit könnte ihren Traum zerstören.

Die Gründung eines Unternehmens ist vergleichbar mit einer langen Wanderung. Hier wie da sollten Sie sich gut vorbereiten und die Dinge dabeihaben, die Sie brauchen, um Ihre Reise erfolgreich zu überstehen.

Sie planen also eine lange Wanderung. Was benötigen Sie dafür? Stellen Sie sich vor, Sie packen einen Rucksack, den Sie mit den wichtigsten Dingen bestücken, die Sie brauchen, um diese Tour erfolgreich zu gestalten. Was gehört für Sie dazu? Auf welche Dinge können Sie verzichten und welche sind für Ihren Erfolg essenziell? Als Erstes benötigen Sie ausreichend Proviant, Wasser, etwas Warmes zum Anziehen, einen Kompass, eine Karte, Pflaster und Salben, falls Sie sich verletzen, ein gutes Buch zum Lesen und natürlich ausreichend Geld für die Übernachtungen und sonstige Ausgaben. Auch beim Gründen eines Unternehmens müssen wir lange, steinige Wege in Kauf nehmen, wir stürzen manchmal und verletzen uns – hoffen aber, das Ziel zu erreichen und von der Bergspitze einen klaren und wunderbaren Ausblick zu erhalten. Also lassen Sie uns den „Unternehmerrucksack" gemeinsam packen. Hierzu müssen wir die Route gut planen und festlegen, welche Dingen wir einpacken sollten und wie viel Platz diese in unserem Rucksack einnehmen dürfen und sollten.

Packen wir den Unternehmerrucksack!

U: Unternehmergeist

Der Rucksack, den Sie sich aufsetzen, sollte weder zu groß noch zu klein sein. Stellen Sie sich also einen Rucksack in Ihrer Größe vor – vielleicht haben Sie einen im Keller oder auf dem Dachboden, der Sie in den letzten Jahren auf Ihren Reisen begleitet hat, nun begleitet er Sie auf dem Weg zu Ihrem Unternehmen. Stellen Sie den Rucksack bildlich vor sich auf den Boden und lassen Sie uns in Ruhe darüber nachdenken, was wir als Erstes einpacken.

Was auf jeden Fall als ein wichtiger Proviantbestandteil vorhanden sein sollte, ist Unternehmergeist. Was ist Unternehmergeist und warum ist er wesentlich für das Gründen eines Unternehmens?

Unter Unternehmergeist verstehe ist die Art, wie Sie an die Gründung Ihres Unternehmens herangehen. Dazu gehören Risikobereitschaft, Kreativität, Know-how und Innovation. Auch dies klingt noch sehr abstrakt. Es ist damit nicht blinder Aktionismus gemeint, sondern vielmehr ein Erfassen des gegenwärtigen Marktes und der möglichen Kunden, das Ausrichten des Angebotes daran und das Verständnis, wie Sie Ihren Kunden erreichen können. Unternehmergeist bedeutet für mich, von einer Idee, einer Vision beseelt zu sein, etwas Eigenes zu gestalten, den Markt um ein Angebot oder eine Idee zu bereichern und diese in die Tat umzusetzen. Es bedeutet, die innere Einstellung zu haben, eine Dienstleistung oder ein Produkt in den Markt zu bringen – aus welchen Gründen auch immer. Es muss nicht der maximale Gewinn im Vordergrund stehen – aber Profitabilität ist Bestandteil des Unternehmergeistes.

Das Unternehmen leben Es gibt Selbstständige, die leben ihr Unternehmen – und sind damit meistens auch erfolgreich. Andere wiederum betreiben ihr Unternehmen fast ausschließlich zahlenorientiert – auch dies kann Erfolge zeitigen, jedoch fehlt dem Unternehmen häufig die Seele. Menschen mit Unternehmergeist werden die großen Zusammenhänge zwischen Wettbewerb, Markt und Produkt sehen, Innovationen schaffen und die Kunden und auch die eigenen Mitarbeiter von ihrer Idee begeistern und überzeugen. Sie „wittern" ein Geschäft. Oft sind dies sehr charismatische Unternehmensgründer, die den Raum betreten und die Aufmerksamkeit des Publikums auf sich ziehen. Menschen mit Unternehmergeist können gar nicht anders, sie müssen immer wieder neue unternehmerische Herausforderungen annehmen, Neues gründen und am Markt ausprobieren. Die Motivation des Handelns ist hier weniger der (vielleicht irgendwann zu erwartende) Reichtum, als vielmehr das innere Gefühl, etwas kreieren zu müssen, Innovation in den Markt zu bringen – einfach unternehmerisch tätig zu sein. Kennen Sie solche Menschen, die alles zu Gold werden lassen, was sie anfassen? Oder auch Unternehmer, die zwar mit ihrem Geschäft nicht reich werden, jedoch mit Herz und Seele ihr Unternehmen betreiben?

Nun denken Sie beim Lesen vielleicht, so möchte ich auch sein – vielleicht haben Sie diese Fähigkeiten, vielleicht würden Sie diese gerne mehr ausprägen. Ich glaube, dass in jedem Menschen Unternehmergeist schlummert – einige erwecken dieses Potenzial, andere nicht. Dies hat sicher auch etwas mit Zutrauen zu tun. Also, trauen Sie sich oder trauen Sie sich nicht?

Es gibt jedoch oft ein kleines Hindernis, das Menschen mit Unternehmergeist überwinden müssen. Diese Menschen verzetteln sich manchmal in ihren Aufgaben und führen nicht alles zu Ende. Unternehmer mit einem ausgeprägten Unternehmergeist müssen immer wieder aktiv werden, sie haben den inneren Drang, Neues auszuprobieren, neue Märkte zu erobern – wie ein Abenteurer, der sich immer wieder neue – und auch größere – Ziele setzt. Das kann dazu

Stärken und Schwächen des Unternehmergeistes

führen, dass ein einmal erschlossener Markt nicht vollständig bearbeitet wird, sondern neue unternehmerische „Baustellen" aufgemacht werden, die kraftraubend sind und manchmal das Hauptgeschäft aus dem Fokus rücken lassen. Vergleichen wir es mit unserer Wanderung: Wir haben uns eine Route zurechtgelegt, die wir verfolgen möchten. An der dritten Kreuzung lockt uns ein anderer Weg. Dieser sieht so interessant und verlockend aus, dass wir unseren ursprünglich geplanten Weg nicht weiterverfolgen. Wir wählen die andere Route. Auch dieser Weg kann uns zum Ziel führen – vielleicht gehen wir einen Umweg, vielleicht kürzen wir unseren Weg ab. Beides ist möglich. Wir verfolgen unseren Weg weiter – nur auf eine andere Art.

Wie auch immer – ich möchte mich mit Ihnen darauf einigen, Unternehmergeist in den Rucksack zu packen, da ich diesen für eine der wesentlichsten Voraussetzungen für den Erfolg eines Unternehmens erachte.

Nun fragen Sie sich vielleicht, ob Sie Unternehmergeist haben. Wie kann man das feststellen und messen?

Übung:
Beantworten Sie bitte folgende Fragen.

1. Haben Sie schon häufig innerlich den Drang verspürt, ein Unternehmen gründen zu müssen?   ☐ Ja ☐ Nein

2. Wenn Sie an die Gründung Ihres Unternehmens denken, können Sie es kaum erwarten, endlich etwas unternehmerisch zu gestalten?   ☐ Ja ☐ Nein

---

3. Fällt es Ihnen leicht, ganzheitlich zu
   denken, Ihr Produkt, den Markt,
   den Wettbewerb und die Kunden in
   Beziehung zu setzen?   ☐ Ja ☐ Nein

4. Fällt es Ihnen schwer, nur eine Sache
   zu verfolgen und zu Ende zu bringen? ☐ Ja ☐ Nein

5. Können Sie sich in Ihrer Arbeit zeitlich
   verlieren, wenn sie Ihnen Freude macht? ☐ Ja ☐ Nein

Die bevorzugte Auswahl von Ja weist darauf hin, dass Sie **Auswertung**
durchaus Unternehmergeist besitzen. Diese unternehmerische Stärke sollten Sie nutzen. Achten Sie bitte darauf, dass
Sie nicht blind tätig werden. Es ist sinnvoll, Dinge zu Ende zu
bringen oder aber ganz bewusst eine Dienstleistung einzustellen und auf eine andere umzuschwenken. Aber nur dann,
wenn der Markt dies erfordert.

**Unternehmergeist ist die Art, wie Sie an die Gründung
Ihres Unternehmens herangehen. Dazu gehören Risikobereitschaft, Kreativität, Know-how und Innovations-
fähigkeit, ferner ein ganzheitliches Verständnis für den
Markt, den Wettbewerb, die Produkte und die Kunden.**

Nun stellen Sie vielleicht fest, dass der Unternehmergeist
nicht so sehr Ihre Stärke ist, Sie das aber ändern möchten.
Kann man sich Unternehmergeist antrainieren und wenn ja,
welche Übungen sollten Sie auswählen?

Training: Unternehmergeist

Es gibt unterschiedliche Wege, das Training anzugehen – mit oder ohne Trainingsplan, mit oder ohne konkretes Ziel. Ich stelle immer fest, dass ich am besten und effektivsten lerne, wenn ich spielerisch an die Dinge herangehe. Das heißt, ich wähle mir Trainingsmethoden aus, setze mir hierzu aber keinen konkreten Fitnessplan, sondern trainiere immer dann, wenn ich Freude daran habe – und da ich mich nicht unter Druck setze, trainiere ich meistens parallel zum ganz normalen Alltag, indem ich meine Trainingsmethoden immer wieder anwende, wenn es möglich ist. Was heißt das konkret im Falle des Unternehmergeistes?

Kreativität trainieren Unternehmergeist hat etwas mit Kreativität zu tun. Und immer wenn Kreativität gefordert ist, müssen Sie Muße und Zeit haben, kreativ sein zu dürfen. Für die einen ist Kreativität ein Geschenk des Himmels, das man mitbekommen hat oder eben nicht. Ich bin der Überzeugung, dass Kreativität – und damit auch Unternehmergeist – etwas damit zu tun hat, offen und aufmerksam durch das Leben zu gehen und sich etwas zuzutrauen. Also, trauen Sie sich, querzudenken und neue Ideen in Ihrem Kopf zuzulassen!

Als erste Trainingsmethode fällt mir das Studieren und aufmerksame Beobachten anderer Unternehmer ein. Darüber hinaus können Sie anregende Orte besuchen oder vorhandene Ideen weiterentwickeln. Und natürlich sollten Sie ein offenes Ohr für die Bedürfnisse Ihrer Mitmenschen (Kunden) haben.

Beobachten anderer Unternehmer Ich finde es immer wieder spannend zu beobachten, womit Menschen sich selbstständig machen. Ich achte darauf beim Spazierengehen, wenn ich an Geschäften vorbeikomme, Zeitschriften lese oder Bücher von Unternehmern erscheinen. Bücher wie *Von den Besten profitieren* oder die

Erfolgsgeschichten anderer Unternehmer wie Louis Jacob, Vanessa Kullmann etc. inspirieren mich. Dort erfährt man, wie andere es angestellt haben und wie sie zu ihren Geschäftsideen kamen – manchmal sind es Zufälle, manchmal auch nicht. Wenn ich mit anderen Unternehmern in Kontakt komme, dann versuche ich, vieles zu erfragen. Mich interessiert, wie sie auf die Idee gekommen sind, wie sie diese umgesetzt haben, was leicht und was schwierig war. Aus diesen Erfahrungen anderer schöpfe ich und verbinde sie mit meinem Know-how und meinen Erfahrungen. Und oft kommt eine neue Idee heraus, die nicht immer am Markt zu verkaufen ist, die aber wert ist, durchdacht zu werden.

Ich habe während des Studiums drei Monate in New York gelebt und gearbeitet. Mich hat diese Stadt sehr inspiriert und ich stelle immer fest, dass ich sehr aufmerksam in anderen Städten Unternehmenskonzepte und Geschäftsideen beobachte. Auch das ist für Sie eine Möglichkeit, Ihren Unternehmergeist zu wecken oder zu erweitern. Menschen in anderen Kulturen und mit anderem Hintergrund gehen mit Dingen anders um – haben andere Bedürfnisse. Und einiges davon ist auf uns in Deutschland anwendbar – anderes nicht. Die Kunst ist es, diese Dinge zusammenzubringen und nur das zu übernehmen, was auch in unseren Kulturkreis passt. Besuchen Sie daher Städte wie New York, London, Amsterdam – vielleicht auch neue Metropolen wie Dubai oder Shanghai – und beobachten Sie, mit welchen Geschäftsideen die Menschen dort arbeiten und welche menschlichen Bedürfnisse sie dadurch befriedigen.

Besuch inspirierender Städte

Wenn ich eine gute Idee, insbesondere eine Geschäftsidee, entdecke, dann denke ich diese oft weiter oder ich verbinde im Kopf verschiedene Geschäftsideen. Auch das kann die unternehmerische Kreativität ankurbeln. Kombinierte Geschäfte wie Schuhe und Schokolade oder Wein und Bücher etc. sind Beispiele dafür. Man beobachtet, was Menschen in

Ideen und Geschäfte weiterdenken

bestimmten Geschäften erwarten, welche Klientel dort verkehrt und versucht, ein passgenaues Produkt oder eine entsprechende Dienstleistung zu entwerfen. Der Kombination von Services und Produkten ist keine Grenze gesetzt. Es kostet Sie nichts, neue Ideen miteinander zu verbinden und sich im Kopf auszumalen, wie der Markt darauf reagieren wird, wie Sie Ihre Idee verkaufen würden etc. Sie müssen ja nicht alles umsetzen. Es trainiert aber den Unternehmergeist.

Bedürfnisse der Menschen aufnehmen und hinterfragen

Der Käufer Ihres Produktes oder Ihrer Dienstleistung wird ein Mensch sein. Menschen versuchen, mit dem Erwerb eines Produktes oder der Inanspruchnahme einer Dienstleistung ein Bedürfnis zu befriedigen. Eine Trainingsmethode ist es daher, sich die derzeitigen Bedürfnisse Ihrer Zielgruppe deutlich zu machen. Worum geht es diesen Menschen? Wo holen Sie sie ab? Für welche Bedürfnisse, die Sie beantworten möchten, zahlen die Menschen Geld? Natürlich ist niemand ein Hellseher und eine letzte Antwort ist nicht möglich. Aber durch Befragungen und Diskussionen können Sie abklopfen, ob Sie auf dem richtigen Weg sind.

Unternehmergeist können Sie trainieren. Hierzu sollten Sie andere Unternehmer beobachten, inspirierende Städte besuchen, vorhandene Ideen weiterdenken sowie die Bedürfnisse der Menschen erkunden. Trauen Sie sich, quer- und anders zu denken, neue Dinge miteinander zu verknüpfen. Und erinnern Sie sich daran, als Kind haben Sie neue Dinge ausprobiert – warum sollten Sie es heute nicht auch tun?

M: Motivation

So, nun haben wir den ersten kleinen Proviant eingepackt, der uns auf unserer Reise begleiten wird – aber der Rucksack ist natürlich noch längst nicht gefüllt. Was packen wir noch ein? Ich schlage Motivation vor. Motivation bezeichnet einen Zustand des Organismus, der die Richtung (Ziele) und die Energetisierung des aktuellen Verhaltens beeinflusst. Motivation, etwas bewegen zu wollen, tätig zu werden, ist ein Grundmerkmal jeglicher Arbeit. Jeder Mensch verfügt über Motivation. Die Stärke ist jedoch unterschiedlich, genauso wie die Art und Weise, wie und wodurch die Motivation zustande kommt.

Die Motivation kann sowohl aus Ihnen selbst kommen als auch von außen. Wenn Sie eigenverantwortlich arbeiten möchten, dann ist es wichtig, dass Ihre Motivation und damit Ihre Energie nicht von Dritten, also von außen, bestimmt wird. Ansonsten sind Sie davon abhängig, dass gerade die richtigen Mitarbeiter, Kooperationspartner, Kunden oder Projekte zur Verfügung stehen. Ich erlebe viele Existenzgründer, die ein Netzwerk nach dem anderen besuchen – in der stillen Hoffnung, jemand würde ihnen die Verantwortung für ihr Unternehmen abnehmen oder ihnen Motivation einhauchen. Gerade wenn Sie zunächst von zu Hause arbeiten oder aber alleine im Büro sind, müssen Sie in der Lage sein, sich selbst zu motivieren. Niemand wird kontrollieren, ob Sie am Montagmorgen um 8.00 oder um 11.00 Uhr am Schreibtisch sitzen. Solange Sie genug Geld verdienen, ist diese Frage auch nicht entscheidend. Wichtig wird sie aber dann, wenn die monatlichen Zahlen nicht mehr stimmen und Sie unter Druck geraten. Für den ein oder anderen mag Druck dann der Auslöser von Motivation sein – aber warum muss es so weit kommen, um tätig zu werden?

Sind Sie von innen oder von außen motiviert?

Hier möchte ich betonen, dass auch leitende Angestellte, die gestalten müssen, über von innen kommende Motivation sprich Energie verfügen sollten – nicht nur Unternehmer. Warum ist Motivation wichtig?

Niemand macht einem Unternehmer Vorgaben

Bei der Gründung eines Unternehmens werden Sie sich oft so vorkommen, als wenn Sie auf einer grünen Wiese stehen – nichts ist vorhanden, alles ist möglich. Wie diese grüne Wiese bestellt wird und ob sie Früchte abwirft, hängt einzig und allein von Ihrem Handeln ab. Das Tun schreibt Ihnen keiner vor – das ist der Vorteil. Nachteilig ist jedoch, dass Ihnen auch keiner Vorgaben macht, Sie zum Handeln auffordert. Weder Kollegen noch Vorgesetze motivieren Sie von außen. Nicht jeder Mensch verfügt über intrinsische Motivation – das heißt im Umkehrschluss nicht gleich, dass Sie kein Unternehmen gründen können, es macht aber einiges schwieriger. In diesem Fall benötigen Sie nämlich Kooperationspartner, Kollegen etc., die Sie als Unternehmer zum Handeln animieren.

Wenn Sie motiviert sind und sich auch selbst motivieren können, dann ist das ein großer Vorteil. Wichtig ist jedoch auch, dass Sie Ihre Motivation zielgerichtet einsetzen. Wenn Sie das nicht tun, zeigen Sie zwar jede Menge Aktionismus, der jedoch nichts bewirkt – zumindest nichts Nachhaltiges. Gehen Sie also mit Ihrer Energie sorgsam um und versuchen Sie, diese zu bündeln. Sie werden vielleicht andere erleben, die versuchen, sich Ihnen anzuhängen oder Ihnen Motivation und Energie abzuziehen. Seien Sie gewiss – motivierte, energiegeladene Menschen ziehen andere Menschen an. Dies ist auch in Ordnung, solange es einen Austausch gibt und jeder etwas von dem Kontakt hat. Wenn Sie allerdings einseitig Energie abgeben, ist das Verschwendung.

Nun fragen Sie sich sicher, wie Sie überprüfen können, ob Sie über intrinsische oder extrinsische Energie verfügen. Lassen Sie uns gemeinsam testen, wie stark Sie motiviert sind.

Übung:

1. Werden Sie von alleine tätig – ohne Motivation von außen? ☐ Ja ☐ Nein

2. Können Sie ohne Dritte arbeiten? ☐ Ja ☐ Nein

3. Sind Sie in der Lage, sich am Montagmorgen um 8.00 Uhr an den Schreibtisch zu setzen und mit der Arbeit zu beginnen? ☐ Ja ☐ Nein

4. Wissen Sie, was Sie motiviert? ☐ Ja ☐ Nein

5. Setzen Sie diese Motivatoren bewusst ein? ☐ Ja ☐ Nein

Haben Sie oft mit Ja geantwortet? Wunderbar! Aber auch wenn Sie feststellen, dass Sie einen kleinen Schubser von außen brauchen, ist das nicht weiter schlimm. Es muss Ihnen nur bewusst sein. Machen Sie sich dann Gedanken darüber, was für einen Schubser Sie benötigen. Ich kenne verschiedene Möglichkeiten, zum Beispiel:

Auswertung

- Suchen Sie sich eine Bürogemeinschaft.
- Drehen Sie morgens ein paar Joggingrunden und verabreden Sie sich mit Ihrem Schreibtisch.
- Nehmen Sie sich in der Mittagspause oder abends etwas Schönes vor, auf das Sie sich freuen können.
- Definieren Sie klare Arbeitszeiten.

All das sind bewährte Mittel, sich Motivation von außen zu suchen. Um ehrlich zu sein, als Einzelkämpfer ist es nicht leicht, jeden Tag den inneren Schweinehund zu überwinden und sich an den Schreibtisch zu setzen.

Motivation ist eine wichtige Unternehmereigenschaft. Sie sollten lernen, sich hier ehrlich einzuschätzen. Können Sie sich alleine motivieren oder benötigen Sie Anregung von außen? Sollte Letzteres der Fall sein, suchen Sie sich geeignete Mittel.

Training: Motivation

Um sich selbst zu motivieren, ist es wichtig, dass Sie herausfinden, was und wer Sie motiviert. Motiviert es Sie, etwas Neues umsetzen zu können, einen Artikel über Ihre Geschäftsidee zu schreiben oder motiviert Sie zum Beispiel die Aussicht auf ein dickes Bankkonto? Brauchen Sie zum motivierten Arbeiten ein Team um sich herum, ein bestimmtes Büro oder andere Rahmenbedingungen? Klassische Motivatoren sind Leistung, Bindung und Macht.

Leistung Ist es für Sie wichtig, sich an anderen zu messen, versuchen Sie, immer besser zu werden und andere mit Ihrer Leistung zu übertrumpfen? Dann sollten Sie darauf achten, dass Sie sich einen Arbeitsbereich schaffen, in dem Sie entsprechende Leistung erbringen können. Unabhängigkeit und Freiraum werden für Sie wahrscheinlich wichtig sein, um Ihre Motivation hoch zu halten. Suchen Sie sich eigene Ziele in Ihrer Selbstständigkeit, an denen Sie Ihre Leistung messen können – dies wird Sie motivieren.

Oder ist der Bezug zu anderen Menschen für Sie wichtig? **Bindung**
Brauchen Sie den Austausch mit anderen? Dann sollten Sie
dafür sorgen, dass Sie im Team arbeiten können oder aber,
dass Sie beim Verkauf Ihrer Dienstleistung oder bei der Herstellung Ihres Produktes mit Menschen in Kontakt kommen.
Der typische IT-Arbeitsplatz wird sich in diesem Fall weniger für Sie eignen, weil Sie mit Menschen etwas gemeinsam
entwickeln möchten.

Geht es Ihnen um die Ausübung von Macht? Macht es Ih- **Macht**
nen Freude, Einfluss nehmen zu können? Dann suchen Sie
sich in Ihrem Unternehmen Möglichkeiten, Menschen und
Dinge zu beeinflussen. Oder versuchen Sie, sich in Work-
shops oder Podiumsdiskussionen einzubringen. Auch wenn
das Wort Macht häufig eine Entwertung enthält, ist es so
nicht gemeint. Es muss Menschen geben, die Spaß daran
haben, andere zu führen, und Macht ausüben möchten. Das
ist zunächst neutral zu bewerten – entscheidend ist vielmehr,
wie Sie Ihre Macht nutzen.

Um Ihre eigene Motivation zu trainieren, sollten Sie sich bewusst machen, wer und was Sie motiviert. Worum geht es Ihnen bei Ihrer Selbstständigkeit? Um Leistung, Bindung oder Macht? Stehen Sie dazu und schaffen Sie sich ein Umfeld, in dem Sie dies leben können. Dann wird sich Ihre Motivation von alleine einstellen.

S: Seriosität

Packen wir weiter. Als Nächstes möchte ich für unseren langen Weg Seriosität einpacken. Damit meine ich ein adäquates, professionelles Auftreten, um Vertrauen zu den Kunden und Kooperationspartnern aufzubauen und darüber Kunden zu binden.

Der Markt ist eng – der Wettbewerb groß. Auch wenn gutes Selbstmarketing dazu führt, dass auch mittelmäßige oder schlechte Dienstleistungen und Produkte verkauft werden, sollten Sie sich bewusst machen, dass der nachhaltige Erfolg gesichert werden muss. Das heißt, bauen Sie Vertrauen zu Ihren Kunden auf und nutzen Sie Mittel, die vertrauensbildend sind. Binden Sie so Ihre Kunden an sich. Wie können Sie Vertrauen aufbauen?

Authentizität Ein wichtiger Faktor ist aus meiner Erfahrung Authentizität. Bleiben Sie „Sie selbst"! Der Kunde wird es Ihnen danken! Was meine ich damit? Viele Dienstleister versprechen dem Kunden Dinge, die sie nicht halten oder einlösen können. Einige Unternehmer eifern einem Bild nach und entsprechen diesem gar nicht. Das Unterbewusstsein Ihres Gegenübers nimmt mehr wahr, als Sie vielleicht glauben. Wenn Sie nicht authentisch sind, merkt es Ihr Kunde. Vielleicht nicht gleich – spätestens aber, wenn Sie Ihre ersten Produkte verkauft oder Dienstleistungen erbracht haben und der Kunde feststellt, dass Sie das Bild, das Sie ihm gezeigt haben, nicht aufrechterhalten können. Der Kunde wird enttäuscht und wütend darüber sein und Sie in den nächsten Jahren nicht mehr engagieren. Seien Sie also ehrlich, bieten Sie nur seriöse Leistungen an und versprechen Sie nur das, was Sie auch halten können. Es macht sich bezahlt.

Zeit In der heutigen Welt hat keiner mehr Zeit. Wir benötigen jedoch Zeit, um jemandem Vertrauen zu schenken – auch

Ihrem Kunden wird es so gehen. Vertrauen aufzubauen braucht Zeit. Durch permanent solide und gute Leistungen lernt der Kunde Sie kennen – und wird irgendwann wagen, Sie als Dienstleister auszuwählen. Wenn dieses Vertrauen erst einmal besteht, wird der Kunde gerne weiter mit Ihnen zusammenarbeiten und bei einem kleinen Fehler nicht gleich wechseln. Ich habe Kunden, bei denen ich über ein Jahr immer wieder akquiriert habe. Es hat lange gedauert, bis sie mich engagiert haben, und heute arbeite ich regelmäßig mit diesen Kunden zusammen. Einen weiteren Punkt müssen Sie bedenken: das Risiko, das Ihr Kunde eingeht, wenn er Sie als neuen Lieferanten oder Dienstleister auswählt. Der Kunde weiß nicht, dass Sie verlässlich sind und gute Leistungen anbieten. Und er kann bei Schlechtleistung seine Position verlieren. Er ist darauf angewiesen, dass seine Dienstleister gut und seriös arbeiten – denn Ihr Arbeitsergebnis verkauft der Kunde intern seinem Unternehmen oder extern seinen Abnehmern weiter. Daher müssen Sie ihn davon überzeugen, dass Sie ihn nicht enttäuschen werden.

Zur Seriosität – und damit zur Kundenbindung – gehört auch, dass Sie Ihr Angebot so verfassen, dass das Preis-Leistungs-Verhältnis angemessen ist. Sie sollten Ihre Leistungen und Produkte weder zu preiswert noch zu teuer anbieten. Mit Dumping oder gar kostenlosen Angeboten in den Markt zu gehen, ist meines Erachtens nicht der richtige Weg. Der Kunde möchte eine seriöse Leistung von Ihnen – und Sie möchten all Ihre Erfahrung und Qualität in das Angebot einfließen lassen. Ich bin mir sicher, dass Sie nicht besonders motiviert bei der Arbeit sind, wenn Sie nur die Hälfte von dem verdienen, was Ihre Dienstleistung bei Wettbewerbern kosten würde. Und wenn der Kunde Sie ablehnt, weil Sie marktgerechte Preise fordern, dann müssen Sie das akzeptieren. Ich bin der festen Überzeugung, dass jeder Dienstleister den Kunden bekommt, den er verdient, und umgekehrt.

Preis-Leistungs-Verhältnis

Insofern bleiben Sie Ihrer Linie treu und bieten Sie nur das an, was in einem seriösen und ausgewogenen Verhältnis steht.

Ablehnung eines Auftrages mangels Kompetenz

Ein seriöser Unternehmer zeichnet sich auch dadurch aus, dass er Aufträge ablehnt, die er nicht mit der angemessenen Qualität bedienen kann. Das mag am Anfang für Sie bitter sein, aber was nutzt Ihnen und Ihrem Kunden eine Qualität, die nur mittelmäßig bis unterdurchschnittlich ist! Damit werden beide Seiten nicht glücklich. Sie gehen mit einem schlechten Gefühl aus dem Auftrag – und Ihr Auftraggeber ist von Ihnen enttäuscht. Seriös ist es meines Erachtens, Aufträge abzulehnen, die Sie nur unterdurchschnittlich bearbeiten können. Durchschnitt kann in Ordnung sein – zumindest für den einen oder anderen Auftrag. In der Regel erwartet Ihr Kunde von Ihnen heutzutage überdurchschnittliche Leistung – denn die Konkurrenz ist groß. Viele Unternehmer haben Angst, einen Auftrag abzulehnen, weil sie denken, der Kunden wendet sich dann vollständig von ihm ab. Ich habe dies nicht erlebt. Am Anfang meiner Selbstständigkeit habe ich zu viel angeboten – aus heutiger Sicht war das ein Fehler. Der Kunde empfindet Bauchladenanbieter unseriöser als Dienstleister, die ihm nur wenige – dafür aber hochwertige – Produkte oder Leistungen anbieten.

Sich in die Rolle des Kunden versetzen

Eine weitere Möglichkeit, Kundenbindung auf eine seriöse Weise aufzubauen, ist, sich in die Rolle des Abnehmers zu versetzen. Worum geht es ihm? Was braucht er, um mit der Leistung, die Sie anbieten, zufrieden zu sein? Wie machen Sie den Kunden erfolgreicher? Auch wenn es sehr berechnend klingt, natürlich geht es Ihrem Kunden darum, dass er sich wohl fühlt und – wenn er in einem Unternehmen tätig ist – dass sein Arbeitsplatz gesichert ist und er die Karriereschritte macht, die er machen möchte. Und dabei können Sie ihm vielleicht helfen. Dies können Sie aber nur, wenn Sie sich vor Formulierung Ihres Angebotes in die Rolle des Kunden versetzen und so tun, als wären Sie an seiner Stelle. Dann wird Ihnen schnell klar werden, auf welche Angebotsbereiche Sie besonderen Wert legen sollten.

Um dem Kunden seriös entgegenzutreten, ist es wichtig, dass Sie authentisch sind, sich für den Beziehungsaufbau Zeit nehmen, ein angemessenes Preis-Leistungs-Verhältnis bieten, Aufträge ablehnen, bei denen Sie nicht mit Kompetenz glänzen können, sowie sich in die Rolle des Kunden versetzen.

Übung:

Lassen Sie uns untersuchen, ob Seriosität eine Unternehmereigenschaft von Ihnen ist.

1. Steht bei Ihnen im Kundengespräch der
   absolute Verkaufswille im Vordergrund? ☐ Ja ☐ Nein

2. Eifern Sie einem Unternehmervorbild
   nach und versuchen, seine Rolle einzunehmen? ☐ Ja ☐ Nein

3. Geht es Ihnen um den schnellen
   Kundenerfolg? ☐ Ja ☐ Nein

4. Übernehmen Sie Aufträge auch,
   wenn Sie wissen, dass Sie fachlich
   der Aufgabe nicht gewachsen sind? ☐ Ja ☐ Nein

Sie merken sicher schon beim Beantworten der Fragen, ob Sie sich Zeit nehmen, den Kunden zu verstehen, und eine seriöse Beziehung aufbauen möchten – oder ob das schnelle

Auswertung

> Geschäft Sie treibt. An dieser Stelle möchte ich noch einmal betonen, dass auch das schnelle Geschäft ein seriöses sein kann – dann, wenn Sie fachlich in der Lage sind, dieses angemessen zu bearbeiten.

Training: Seriosität

Nun merken Sie vielleicht, dass Sie der berufliche Alltag eher dahin getrieben hat, schnelle Geschäfte zu machen – und sich nach außen so darzustellen, dass der Eindruck entsteht, Sie beherrschten das Metier und seien Experte in einem Bereich, der gerade von Ihnen gefordert wird. Der Aufbau einer Kundenbeziehung und das entsprechende Auftreten sind aus meiner Sicht eine innere Haltung. Um eine innere Haltung zu verändern, müssen Sie an Ihren Glaubenssätzen arbeiten – reine operative Trainingsmaßnahmen sind hier nicht wirkungsvoll. Was sind Glaubenssätze?

An den eigenen Glaubenssätzen arbeiten Glaubenssätze sind Überzeugungen, die sich über Jahre in Ihnen aufgebaut haben, ein Ergebnis Ihrer erlebten und gemachten Erfahrungen. Ein Glaubenssatz könnte zum Beispiel lauten: „Alle Unternehmer und Verkäufer sind auf das schnelle Geschäft aus – keiner sagt Nein zu einem Auftrag, wenn er gefragt wird, auch wenn er die nötigen Qualitäten nicht besitzt." Diese Erfahrung haben Sie vielleicht gemacht und daraus einen generell geltenden Glaubenssatz in Ihrem Leben gebildet. Dieser leitet und begleitet Sie bei allen Ihren Handlungen.

Wenn Sie den genannten Glaubenssatz leben, dann ist es natürlich so, dass Sie Seriosität im Geschäftsleben etwas anders definieren, als ich es oben dargestellt habe. Und ich will damit nicht sagen, dass das eine richtig und das andere falsch ist. Beides hat seine Berechtigung. Wenn Sie jedoch die Art Ihrer Tätigkeit verändern möchten – vielleicht mehr an Ihrer Seriosität arbeiten möchten –, dann sollten Sie sich bewusst darüber sein, dass Sie an Ihrem inneren Glaubenssatz ansetzen müssen. Das Bewusstsein, dass Sie Glaubenssätze haben, die Sie daran hindern, vielleicht Geschäfte langsamer und vertrauensvoller aufzubauen, mehr Gewicht auf Authentizität zu legen, ist der erste Schritt, um dies zu ändern – wenn Sie möchten. Es gilt im zweiten Schritt, Erfahrungen zuzulassen, die zeigen, dass Ihr „alter" Glaubenssatz nicht immer richtig ist.

Wenn Sie Seriosität als Unternehmereigenschaft trainieren möchten, müssen Sie an Ihren Glaubenssätzen arbeiten. Erkennen Sie, welche Überzeugungen Sie im Umgang mit Kunden haben – und stellen Sie diese in Frage. Beobachten Sie aufmerksam, welche anderweitigen Erfahrungen Sie machen, und integrieren Sie sie in Ihren beruflichen Alltag.

A: Aktivität

Aktivität und Motivation möchte ich hier voneinander abgrenzen. Motivation oder auch Energie ist Voraussetzung dafür, aktiv zu werden.

Auch wenn ich die amerikanische Art und Weise, Geschäfte zu machen, sehr kritisch betrachte, hat mich eines sehr überzeugt – der Satz „just do it". Ich erlebe zahlreiche Menschen und auch Existenzgründer, die gute Ideen haben, die durchaus erfolgversprechend sind. Gute Ideen allein nützen jedoch nichts – sie müssen auch in die Tat umgesetzt werden. Und dies erfordert ein hohes Maß an Aktivität. Seien Sie hier bitte ehrlich zu sich selbst – sind Sie in der Lage, Ideen wirklich operativ umzusetzen? Viele Menschen, die einen hohen Anspruch an Qualität haben, gehen diesen Schritt nicht, da sie

Die Realität in den Blick nehmen

79

intuitiv ahnen, dass die wunderbar im Kopf ausgetüftelten Ideen am Markt nicht platzierbar sind. Das heißt, ein Traum, eine Vision oder Vorstellung könnte kaputt gehen. Vielen reicht es, sich in ihren Gedanken auszumalen, wie erfolgreich sie wären, wenn sie nur ihre Idee in den Markt bringen würden. Viele ahnen vielleicht auch, wie viel Arbeit es bedeutet, eine Idee umzusetzen – und möchten diese möglicherweise nicht investieren. Jeder Weg ist in Ordnung – solange Sie sich hier kritisch hinterfragen.

Ich könnte unendlich viele Dinge aufzählen, die jeder Unternehmer operativ umsetzen muss, wo er aktiv werden muss. Dazu gehören am Anfang Dinge wie

- ein Geschäftskonto einzurichten,
- das Produkt zu definieren,
- Marketingunterlagen zu fertigen,
- Briefpapier und Visitenkarten zu drucken,
- Netzwerke zu besuchen.

Der Kunde im Zentrum

Diese Liste könnte ich immer weiterspinnen – und es gibt viele gute Existenzgründungsbücher, die all dies detailliert beschreiben. Ich möchte hier auf einen Punkt besonders eingehen, und das ist die Kundenakquisition. Ich erlebe viele Unternehmer, die zwar aktiv sind, indem sie jeden Tag viele Dinge erledigen, die jedoch an der wesentlichen Existenzgrundlage des Unternehmens nicht arbeiten – und dies ist nun einmal der Kunde. Der Kunde ernährt Ihr Unternehmen und daher sollte er im Mittelpunkt stehen. All Ihre unternehmerischen Überlegungen sollten immer den Kunden berücksichtigen. Diesen müssen Sie ansprechen und ihn von Ihrem Service überzeugen.

Übung:
Überprüfen Sie, ob Sie in Richtung Kunde aktiv werden.

1. Versetzen Sie sich bei der Ausarbeitung
   von Geschäftsideen in die Rolle
   des Kunden, berücksichtigen Sie,
   was ihn an Ihren Dienstleistungen
   oder Produkten interessieren könnte? ☐ Ja ☐ Nein

2. Kennen Sie Ihre potenziellen Kunden
   und deren Wünsche und Bedürfnisse? ☐ Ja ☐ Nein

3. Gehen Sie gerne mit anderen Menschen
   um und überzeugen diese von Ihren
   Leistungen? ☐ Ja ☐ Nein

4. Fühlen Sie sich wohl dabei, aktiv auf
   potenzielle Kunden zuzugehen? ☐ Ja ☐ Nein

5. Stehen Sie zu Ihrer Dienstleistung
   oder Ihrem Produkt und ist es Ihnen
   ein Anliegen, diese(s) am Markt zu
   platzieren? ☐ Ja ☐ Nein

Wenn Sie überwiegend mit Ja geantwortet haben, wird die
aktive Kundenansprache für Sie kein wesentliches Problem
sein. Sollten Sie in der Mehrzahl Nein gesagt haben, könnte
die Akquisition für Sie schwierig werden. **Auswertung**

Überlegen Sie vor Gründung eines Unternehmens unbedingt, ob Sie bereit und in der Lage dazu sind, Kunden aktiv anzusprechen. Wenn Sie dies bislang nicht praktiziert haben und Ihnen der Gedanke Angst macht, sollten Sie noch einmal über die Selbstständigkeit nachdenken oder sich bewusst werden, dass (und wie) Sie das schnell lernen müssen.

Tägliche Kundenakquisition

Viele Existenzgründer unterschätzen den Aufwand der Kundenakquisition oder blenden diese ganz aus. Wenn Sie hier nicht konsequent sind, kann es vorkommen, dass Sie in den ersten Monaten nach Unternehmensgründung nicht ein Kundentelefonat geführt haben – vielmehr sich selbst verwalten. Ich kenne Jungunternehmer, die immer wieder gute Gründe dafür finden, sich nicht konsequent um die Kundenakquisition zu kümmern, und sich der Gestaltung von Webseiten, dem Schreiben von Artikeln etc. widmen. Dagegen ist nichts einzuwenden, wenn Sie sich darüber im Klaren sind, dass der Kunde nicht eines Tages vor Ihrer Tür stehen wird und Ihre Dienstleistung oder Ihr Produkt kaufen möchte. Die Akquisition von Kunden ist ein langwieriges Unterfangen, das viel Durchhaltevermögen, Nachhaltigkeit und Frustrationstoleranz voraussetzt. Daher ist meines Erachtens jeder Tag, an dem Sie keine Akquise betreiben, ein nicht optimal genutzter Tag. Also, werden Sie aktiv und kümmern Sie sich um die Kundenakquisition. Wie aber sollen Sie dieses Thema angehen?

Die Vorbereitung

Bevor Sie aktiv werden und Kunden akquirieren, sollten Sie sich gut vorbereiten. Dazu möchte ich Ihnen eine Checkliste an die Hand geben, die Sie bitte einmal für sich selbst durchgehen und überprüfen, ob Sie alles gut vorbereitet haben.

Checkliste

- Haben Sie die für Sie interessanten Unternehmen herausgesucht?
- Kennen Sie den Ansprechpartner oder wissen Sie, mit welcher Abteilung Sie sich verbinden lassen sollten?
- Können Sie Ihre Dienstleistung / Ihr Produkt in wenigen Sätzen erklären?
- Haben Sie sich auf Einwendungen und Einreden des Kunden vorbereitet?
- Was hebt Sie vom Wettbewerb ab?
- Liegen Stift und Papier bereit, um mitzuschreiben?

Um es auf den Punkt zu bringen: Die professionelle Vorbereitung der Kundenakquisition ist unabdingbar. Jeder Kunde wird sofort merken, ob Sie sich vorbereitet haben oder nicht. Abgesehen davon, dass Sie ohne Vorbereitung keine Chance haben werden, einen Termin zu vereinbaren, um sich vorzustellen, ist dies auch unhöflich dem Angerufenen gegenüber. Sie können den ersten Eindruck, den Sie am Telefon machen, nicht beliebig revidieren. Hat der Kunde verneint, so müssen Sie einige Wochen oder Monate vergehen lassen, um sich noch einmal melden zu können. Vor diesem Hintergrund ist eine professionelle Vorbereitung noch einmal wichtiger. Auf der anderen Seite möchte ich Sie davor warnen, Stunden auf der Website des Angerufenen zu verbringen, um das Unternehmen im Detail kennen zu lernen. Dies ist nicht erforderlich – und kostet Sie zu viel Zeit. Sie werden nicht einen, sondern Hunderte von Anrufen tätigen müssen – und bei einer durchschnittlichen Vorbereitungszeit von zum Beispiel drei bis vier Stunden sind Sie pleite, bevor überhaupt der erste Kunde Ihre Dienstleistungen gekauft hat.

Bereiten Sie jede Kundenakquisition vor. Hierzu gehört, den Namen des Ansprechpartners zu kennen oder aber zu wissen, mit welcher Abteilung Sie sprechen möchten, sowie Ihre Dienstleistung / Ihr Produkt in wenigen Sätzen beschreiben zu können. Auch Ihren Mehrwert im Vergleich zu den Wettbewerbern sollten Sie kennen. Hüten Sie sich jedoch davor, für die Vorbereitung eines Kundentelefonates mehrere Stunden im Web zu surfen oder Geschäftsberichte zu lesen – das ist in diesem Stadium der Akquise nicht nötig und kostet Sie wertvolle Arbeitszeit.

Es gibt diverse Möglichkeiten, einen potenziellen Kunden anzusprechen. Hierzu gehören zum Beispiel das klassische Kundentelefonat, der Besuch von Messen oder Netzwerken, die Schaltung von Anzeigen, das Veröffentlichen von Artikeln oder Büchern oder auch der spontane Kundenbesuch.

Das Telefonat

Die Kundenakquisition über das Telefon stellt eine der am häufigsten genutzten Akquisemöglichkeiten dar. Auf der anderen Seite ist dies für die meisten Unternehmer – zumindest am Anfang – auch eine der größten Hürden. Dies liegt sicher unter anderem daran, dass man den Gesprächspartner nicht sehen kann und häufig relativ schnell abgewiesen wird. Auf der anderen Seite hat es erhebliche Vorteile: Ein Telefonat kostet kaum Zeit, es ist günstig und man kann schnell eine große Menge an potenziellen Kunden ansprechen. Daher geht für die meisten Unternehmer am Anfang ihrer Tätigkeit hieran kein Weg vorbei. Ausnahme: Sie haben bereits Kunden oder sind Zulieferer eines anderen Unternehmens, das direkt mit dem Kunden in Verbindung steht. Wenn dies bei Ihnen nicht der Fall ist – was erwartet Sie bei einem Kundentelefo-

nat und welche Voraussetzungen brauchen Sie, um es erfolgreich zu meistern?

Bei einem Kundentelefonat fällt eines vollkommen weg –
Sie sehen Ihren Gesprächspartner nicht. Das heißt, Sie können anhand seiner Körpersprache nicht deuten, ob er das
Gespräch gerade interessant oder weniger interessant findet, ob ihn etwas stört oder verunsichert – und wo Sie eventuell nachbessern sollten. Das ist die schlechte Nachricht. Es
gibt jedoch auch eine gute: Mit etwas Training sind Sie in
der Lage, Irritationen oder Desinteresse – genauso wie Interesse – Ihres Gesprächspartners an der Stimme festzustellen. Es gilt beim Telefonat daher, die Stimme des anderen
genau wahrzunehmen. Um dem Angerufenen ein vertrau-
tes und angenehmes Gefühl zu vermitteln – und letztlich
Vertrauen aufzubauen –, sollten Sie Ihre Stimme und Ihre
Sprachmelodie der des Gegenübers anpassen. Spricht der
andere langsamer als Sie, tun Sie dies auch. Ist seine Stimme
leise, sprechen auch Sie leiser. Merken Sie sich Wörter und
Begriffe, die der Angerufene gebraucht – und benutzen Sie
diese auch. Über diese Methode vermitteln Sie dem anderen
das Gefühl, dass er mit einer Person spricht, die ihm ähnlich
ist – und das schafft Vertrauen. Denn wir alle suchen im
Gegenüber das Bekannte, das, was uns spiegelt.

Auf die Sprache achten

Vielleicht stellt sich der eine oder andere von Ihnen die
Frage, ob das nicht Manipulation des Gegenübers ist und ob
man eine Rolle spielen muss, um am Telefon erfolgreich zu
verkaufen. Darum geht es meiner Meinung nach nicht. Sie
sollen keinen Menschen manipulieren oder ihm etwas vor-
spielen, was Sie nicht wirklich sind. Denn das macht sich
immer negativ bemerkbar – irgendwann merkt der andere,
dass Sie nicht authentisch sind, und das mühsam aufgebau-
te Vertrauen schwindet. Es ist jedoch so, dass Sie mit etwas
Aufmerksamkeit und Training in der Lage sind, wahrzunehmen, wie und auf welche Weise der andere am Telefon Ihnen

mitteilt, was er interessant findet – und was nicht. Ich bin sicher, dass Sie sowieso die Fähigkeit besitzen, laut oder leise, schnell oder langsam zu sprechen. Das alles gehört zu Ihnen – jedoch nutzen Sie es vielleicht zu einem anderen Zeitpunkt. Insofern bleiben Sie authentisch, auch wenn Sie Ihre Stimme und Ihr Tempo dem Gegenüber anpassen – denn es gehört zu Ihrem Repertoire.

> **Seien Sie am Telefon aufmerksam. Hören Sie genau zu, was und wie sich die Person gegenüber äußert. Passen Sie sich dem Sprechtempo, der Sprachmelodie, den Pausen und dem Vokabular des anderen an. Sie werden merken, dass das Vertrauen schafft, auf dem Sie aufbauen können.**

Auf Unvorbereitetes eingestellt sein

Weiter sollten Sie am Telefon flexibel sein. Ein Erstgespräch dauert häufig nicht länger als ein paar Minuten. Danach wird der Kunde Sie bitten, zunächst Unterlagen zu senden, um sich ein genaues Bild von Ihnen und Ihren Dienstleistungen zu machen. Gefällt ihm Ihr Angebot und ist er davon überzeugt, kommt es eventuell zu einem persönlichen Gespräch. Vielleicht haben Sie sich mit einem Gesprächsleitfaden auf das Telefonat vorbereitet und nun stellen Sie fest, dass der andere ganz andere Fragen stellt, Ihrem sorgfältig vorbereiteten Ablauf nicht folgt und Sie völlig durcheinanderbringt. All dies ist möglich und häufige Praxis. Manche Kunden haben mich beim Erstgespräch unter verbalen „Dauerbeschuss" gesetzt, mich provoziert und wollten prüfen, ob ich pariere. Auch wenn ich mich in solchen Situationen frage, ob ich diese Art des Gesprächs überhaupt möchte, muss ich mitmachen – zumindest so lange, wie noch nicht ausreichend Kunden vorhanden sind. Andere gehen schon nach wenigen Minuten in die Tiefe und fragen nach den Schulen, nach denen ich trainiere und coache – auch hierauf muss ich vorbereitet sein. Wieder andere pöbeln am Telefon und versuchen, mich schnell wieder loszuwerden. Dies war für mich am Anfang schwer zu verdauen, und nach einem schlechten Telefonat habe ich erst einmal zwei bis drei Tage gebraucht, um wieder zum Telefonhörer zu greifen – immer in der Angst, der nächste Kunde sei wieder schwierig. Die Erfahrung hat gezeigt, dass die meisten potenziellen Kunden sehr freundlich sind – wenn auch manchmal kurz angebunden. Aber wer will es ihnen verübeln – wenn Sie jeden Tag zehn ungefragte Anrufe bekommen von Beratern, Trainern, Dienstleistern, dann kostet Sie das Arbeitszeit und auch Nerven. Es kommt immer wieder vor, dass mir Fragen gestellt werden, die ich ad hoc nicht beantworten kann, oder aber dass ich gerade nicht in dem Gemütszustand bin, auf Provokationen souverän zu reagieren. In diesen Fällen lege ich nicht frustriert auf, sondern versuche, die Situation mit Witz, mit einer Gegenfrage oder auch mit dem Charme der Ehrlichkeit zu retten. Ich habe damit meistens gute Erfahrungen gemacht – also trauen Sie sich, zu Ihren Lücken zu stehen.

Trainieren Sie, am Telefon flexibel zu reagieren, und halten Sie sich nicht an einem Gesprächsleitfaden fest. Dieser kann Ihnen erste Anregungen geben, jedoch sollte er nicht statisch sein. Versuchen Sie, die Fragen des Gegenübers zu parieren und sich notfalls mit Witz und Charme aus der Affäre zu ziehen.

Setzen Sie sich gedanklich schon einmal damit auseinander – die Kundenakquise am Telefon wird für Sie mit großer Wahrscheinlichkeit eine wichtige Form der Akquise sein.

Messen und andere Ereignisse

Eine weitere Möglichkeit, aktiv Kundenakquisition zu betreiben, ist, Messen und andere Ausstellungen zu besuchen, wo Ihre potenziellen Kunden vertreten sind. Nach meiner Erfahrung kommen qualifizierte Gespräche auf Messen jedoch nur dann zustande, wenn Sie sich zuvor angemeldet haben. Weiter hängt es vom Produkt und von der Dienstleistung ab, das/die Sie anbieten. Wenn Sie zum Beispiel den Marketingleiter einer Firma sprechen möchten, so kann für Sie eine Messe sinnvoll sein. Generell habe ich die Erfahrung gemacht, dass der Besuch von Messen viel Zeit und Energie kostet und unvorbereitet wenig sinnvoll ist.

Der Besuch von Messen zur Kundenakquisition ist nur dann sinnvoll, wenn Sie entweder angemeldet sind oder aber ein Produkt oder eine Dienstleistung vertreiben, das/die vom Marketingleiter ausgewählt wird. Dieser ist meistens – zumindest die ersten zwei Tage – am Messestand anzutreffen.

Das Mailing

Dann gibt es noch das Mailing an unbekannte mögliche Kunden. Dies habe ich am Anfang meiner Selbstständigkeit ausprobiert – und keine positiven Erfahrungen gemacht. Nicht angekündigte E-Mails von fremden Personen werden als Spam gewertet – und das nicht zu Unrecht. Im Nachhinein finde ich es unverschämt und bin selbst jedes Mal genervt, wenn ich E-Mails unaufgefordert erhalte – zumal von Personen, die ich gar nicht kenne. Dieses ist keine seriöse Art, neue Kunden zu werben, und wenig vertrauenerweckend. Es ist zudem rechtlich problematisch. Ich rate Ihnen daher davon ab, per Rundmail auf neue Kunden zuzugehen.

Das Mailing an Unbekannte wird in den meisten Fällen als Spam bewertet und wirft kein gutes Licht auf Sie – verzichten Sie auf diese Art der Kundenakquisition.

Der persönliche Besuch

Auch das persönliche Vorsprechen möchte ich nur kurz der Vollständigkeit halber anführen. Der unangemeldete Besuch bei Kunden ist zeitaufwendig und so gut wie nie erfolgreich. Sparen Sie Ihre Zeit und Energie und konzentrieren Sie sich auf seriösere Akquisitionsmittel.

Veröffentlichung von Artikeln und Büchern

Es gibt das Sprichwort „wer schreibt, der bleibt", das ich um Folgendes erweitern möchte: „Wer schreibt, macht auf sich aufmerksam und erweckt den Eindruck, etwas zu sagen zu haben." Meine Erfahrung ist in der Tat, dass der Weg über die Veröffentlichung von einschlägigen Artikeln und Büchern eine gute Möglichkeit darstellt, Kunden zu gewinnen. Das setzt natürlich voraus, dass Sie schreiben können oder es sich aneignen – und dass in Ihrer Branche Fachtexte gefragt sind. Im Vergleich zu den oben genannten Akquisitionswegen würde ich diese Methode nicht nur als Kundenakquisitionswerkzeug, sondern darüber hinaus als Marketingwerkzeug bewerten.

Artikel und Bücher sind ein sehr gutes Marketingmittel – jedoch setzt dies voraus, dass Sie beim Kunden schon eine gewisse Bekanntheit genießen. Oder aber, Sie schreiben gleich einen Bestseller, dann mag der Kunde auch so zu Ihnen finden. Entscheidend ist dabei, dass Sie Ihre Artikel so interessant und informativ gestalten, dass ein Verlag Interesse daran hat, etwas von Ihnen zu veröffentlichen.

Und dies ist nicht einfach – denn so mancher Dienstleister versucht, über Veröffentlichungen auf sich aufmerksam zu machen.

Das Veröffentlichen von Artikeln und Büchern ist in einigen Branchen ein gutes Mittel der Kundenakquisition. Weiter dient es als Marketinginstrument. Wenn Sie schreiben, dann versuchen Sie, Ihre Artikel so interessant zu gestalten, dass ein Verlag auf Sie aufmerksam wird.

Training: Aktivität

Nun habe ich viel zum Thema Aktivität – Kundenakquisition geschrieben, und ich hoffe, Sie stellen fest, dass die eine oder andere Art der Akquisition Ihnen liegen wird. Falls dies nicht der Fall ist, hilft nur eines: üben!

Die Kundenakquisition ist die Unternehmereigenschaft schlechthin, die Ihnen keiner abnehmen kann. Natürlich können Sie Call-Center beschäftigen und versuchen, darüber Termine zu bekommen. Die Ausbeute wird hier jedoch relativ gering sein, es sei denn, Ihr Produkt oder Ihre Dienstleistung ist einzigartig!

Wie können Sie trainieren? Indem Sie jede Gelegenheit nutzen, für sich Akquisition zu betreiben. Ich habe am Anfang meiner Tätigkeit alles gemacht – Netzwerke besucht, Vorträge gehalten, Artikel veröffentlicht, Telefonate geführt, Messen wahrgenommen etc. Ich habe nichts ausgelassen – und das hat mich viel Zeit gekostet. Jedoch habe ich dadurch gelernt, welcher Akquiseweg für mich der richtige ist und welcher für meine Dienstleistung Erfolg verspricht. Insofern bereue ich diese Zeit nicht.

Aktive Kundenakquisition können Sie nur lernen, indem Sie es tun. Nutzen Sie jede Gelegenheit, auf Ihr Produkt und Ihre Leistung aufmerksam zu machen. Stellen Sie fest, welcher Weg für Sie erfolgreich ist. Und verfolgen Sie diesen stringent.

T: Terminplanung

Am Anfang denkt fast jeder Unternehmer: Wunderbar, endlich habe ich Zeit und den Luxus, mir diese frei einzuteilen. Die Tage vergehen zunächst langsam, dann immer schneller und auf einmal sind drei Monate vergangen, ohne dass ein Kunde vor der Tür steht. Und dann bricht sie aus: die Panik!

Spätestens wenn die Abfindung aufgebraucht oder das Fördergeld ausgelaufen ist, werden Sie feststellen, dass jede nicht sinnvoll genutzte Stunde teuer ist. Solange Ihre Auftragsbücher gut gefüllt sind und Sie mit den Einnahmen Ihre Kosten decken, ist alles in Ordnung. Wenn das jedoch nicht der Fall ist, müssen Sie sich Gedanken machen. Auch wenn der Tag 24 Stunden hat, gibt es nur etwa acht Stunden, an denen Sie Ihre Leistungen erbringen und Kundenkontakte knüpfen können. Sie sollten daher die Zeit zwischen 8.00 und 17.00 Uhr nutzen. Natürlich können Sie Angebote, Präsentationen etc. auch außerhalb dieser Zeiten vorbereiten. Einen Kunden werden Sie jedoch häufig nach 17.00 Uhr nicht mehr erreichen (dies hängt auch von der Branche ab, in der Sie tätig sind).

Neben dem Zeitmanagement an sich gibt es noch ein wesentliches Thema: Termine einhalten. Ich denke, es versteht sich von selbst, dass Sie Gesprächstermine, Daten zur Abgabe von Angeboten und andere Vereinbarungen mit dem Kunden einhalten. Der Kunde muss das Gefühl haben, dass

**Absolutes Muss:
Termine einhalten**

er sich auf Sie verlassen kann. Auch bei mir kommt es vor, dass ich Termine verschieben muss. Sollte dies so sein, informiere ich meinen Kunden unverzüglich. Genauso wichtig ist es aus meiner Sicht, Termine mit Netzwerk- oder Kooperationspartnern einzuhalten. Ich kenne Unternehmer, die diese Termine nicht so ernst nehmen und zu spät kommen. Das muss nicht sein, und unabhängig davon, dass es nicht wertschätzend ist, reizen Sie das Gegenüber. Und wer weiß, wann Sie den anderen einmal brauchen. Man trifft sich bekanntlich immer zweimal im Leben.

Termine einzuhalten und pünktlich zu sein ist für mich eine Grundtugend, die nicht nur der Unternehmer leben sollte. Jedoch ist sie aus meiner Sicht auch eine wichtige Unternehmereigenschaft. Es gibt Unternehmer, die es mit der Pünktlichkeit nicht so genau nehmen, zum Beispiel Handwerker. Sie alle kennen es sicher – man vereinbart mit dem Handwerker einen festen Termin und er kommt nicht – oder später. Da es immer noch schwierig ist, einen guten Handwerker zu bekommen, verzeiht man ihm dies in der Hoffnung, dass er gute Arbeit leistet. Das Handwerk ist einer der wenigen Bereiche, die ich kenne, wo Unpünktlichkeit und mangelnde Termintreue nicht gleich mit Auftragsentzug gestraft wird. Weiter ist zu bedenken – wenn Sie unpünktlich und abgehetzt in einen Termin hereinplatzen, ist schon programmiert, wie das Gespräch verlaufen wird. Sie werden nicht ganz bei der Sache sein, weil Ihnen das Gehetze noch in den Knochen steckt – Ihr Gesprächspartner wird ärgerlich sein, auch wenn er versucht, es zu überspielen. Insgesamt ist dies kein guter Start in eine vertrauensvolle Zusammenarbeit. Insofern sollten Sie Termine gut planen und frühzeitig absagen, falls Ihnen etwas dazwischenkommt.

Pünktlichkeit ist eine Grundtugend. Termine müssen Sie einhalten. Sie sollten Ihrem Kunden und auch jedem anderen Gesprächspartner den nötigen Respekt entgegenbringen, indem Sie diese Grundsätze beherzigen. Falls Ihnen etwas dazwischenkommt, sagen Sie dem anderen rechtzeitig Bescheid, so dass er anderweitig disponieren kann.

Wir sprachen schon das Thema Zeitmanagement an. Als Unternehmer hat man viele Dinge zu tun. Hierzu gehören unter anderem:

- Akquisition von Kunden,
- Vorbereitung von Angeboten,
- Wahrnehmung von Kundenterminen,
- Abarbeitung von Aufträgen,
- Netzwerkarbeit,
- Schreiben von Rechnungen,
- Erstellen der Umsatzsteuererklärung,
- Marketing,
- Schreiben von Fachartikeln
- etc.

Vielzahl unternehmerischer Aufgaben

Ich gebe Ihnen vollkommen Recht, dass das viel ist. Umso wichtiger ist es, dass Sie Ihre Zeit gut aufteilen. Überlegen Sie als Erstes, welche Aufgaben Sie outsourcen können. Typischerweise sind dies zum Beispiel die Buchhaltung, der Webauftritt, das Entwerfen von Logos, vielleicht Pressearbeit. Übernehmen Sie nur die Arbeit, die Ihr Kerngeschäft ausmacht, die Ihnen leicht von der Hand geht und in der Sie Experte sind. Alles andere ist verschwendete Zeit. Das funktioniert nicht gleich vom ersten Tag an, weil das Geld nicht so locker sitzt. Jedoch sollten Sie schnell feststellen, wo Sie Fachmann/-frau sind und womit Sie Geld verdienen können.

Was können Sie delegieren?

Alles andere ist Nebenkriegsschauplatz und sollte von Ihnen zeitlich auch so eingeordnet werden.

Gerade wenn das Geschäft noch nicht so gut läuft, ist man geneigt, jede verwaltende Tätigkeit selbst zu übernehmen – um sich beschäftigt zu fühlen. Wenn Sie sich das finanziell leisten können, ist nichts dagegen einzuwenden. Wenn jedoch nicht, dann sollten Sie sich ehrlich fragen, warum Sie sich nicht auf die wesentlichen Tätigkeiten – nämlich die Kundenakquisition – konzentrieren. Eine andere Sache möchte ich hier noch ansprechen. Unter Zeitmanagement verstehe ich auch, zu prüfen, wie viel Zeit Sie in welchen Kunden investieren. Ich erlebe Unternehmer, die als Dozenten an Hochschulen arbeiten, was für das Marketing zum Teil sinnvoll sein kein. Jedoch darf es meiner Meinung nach nicht mehr als Marketing sein – alles andere ist verschwendete Zeit, es sei denn, Sie wollen die Hochschullaufbahn einschlagen. Unternehmer müssen ihre Zeit in Euro umrechnen, um am Ende des Monats ausreichend verdient zu haben.

Übung:
Wie schätzen Sie sich selber ein? Wie sieht Ihr Zeitmanagement aus? Halten Sie Termine ein? Bitte beantworten Sie dafür folgende Fragen:

1. Halten Sie Termine grundsätzlich ein? ☐ Ja ☐ Nein

2. Planen Sie Ihre Zeit so, dass vor einem Termin immer ein Puffer für nicht vorhersehbare Ereignisse vorhanden ist? ☐ Ja ☐ Nein

3. Teilen Sie Ihre Zeit bewusst ein (mit Organizer)? ☐ Ja ☐ Nein

---

4. Beachten Sie bei der Bearbeitung
   eines Projektes dessen Wertigkeit
   und priorisieren dabei die Zeit?   ☐ Ja   ☐ Nein

5. Haben Sie selbst an ausgefüllten
   Tagen das Gefühl, noch Zeit zu haben?   ☐ Ja   ☐ Nein

Wenn Sie überwiegend mit Ja geantwortet haben, gehen
Sie bewusst mit Ihrer Zeit um. Überprüfen Sie sich in den
nächsten Tagen einmal selbst, wie Sie Ihr Zeitmanagement
gestalten.

Auswertung

Training: Terminplanung

Nun stellen Sie vielleicht fest, dass Sie Termine nicht immer
einhalten und Ihr Zeitmanagement nicht das beste ist.
Was können Sie tun? Wie sieht Ihr Trainingsprogramm
aus? Das Zauberwort heißt: Strukturen schaffen. Machen Sie
eine Bestandsaufnahme und halten Sie den Ist-Zustand
fest.

Übung:

Listen Sie in den nächsten Tagen Ihre Termine auf. Markieren
Sie einen wichtigen Termin mit dem Buchstaben A, einen weniger wichtigen mit B und eine Aufgabe, die Sie zwar pflicht-
gemäß erledigen müssen, die aber keinen mittelbaren oder
unmittelbaren Umsatz bringt, mit dem Buchstaben C. Nun
stehen neben Ihrem Tagesprogramm Termine mit A-, B- oder
C-Kennung. Ein nächster Schritt ist, dass Sie einen Abgleich
machen – wie viel Zeit planen Sie für die Aufgaben mit einem
A ein und wie viel für die mit einem B oder C?

Auswertung

Wenn Sie ein gutes Zeitmanagement haben, müsste es so sein, dass Sie sich für die A-Aufgaben die meiste Zeit nehmen, für B weniger – und am wenigsten für C. Wenn dies nicht so ist, dann sehen Sie anhand dieser Übung, dass Ihr Zeitmanagement nicht optimal ist. Jede Minute, die Sie für eine C-Aufgabe mehr als nötig aufwenden, ist verschwendete Zeit – zumindest unter wirtschaftlichen Gesichtspunkten. Nun meinen Sie vielleicht, dass Ihnen die Buchhaltung besonders viel Freude macht und Sie daher gerne bereit sind, hierfür Extra-Stunden einzuplanen. Dagegen ist nichts einzuwenden – wenn Sie sich darüber klar sind, dass Sie hier nicht optimal mit Ihrer Zeit umgehen, sondern die Freude an der Arbeit den Ausschlag gibt.

Wenn Sie oft unpünktlich sind

Merken Sie, dass Sie immer wieder zu spät kommen, dann empfehle ich Ihnen Folgendes: Es gibt zwei Gründe, zu spät zu kommen. Der eine ist, dass Sie einfach zu spät losfahren, weil Sie den Weg unterschätzen, die Baustelle nicht mit berücksichtigen etc. In diesem Falle ist es sinnvoll, für die nächsten Termine einfach zehn Minuten mehr Zeit einzuplanen. Fahren Sie also ab sofort zu jeder Verabredung zehn Minuten früher los. Falls Sie dann zu früh da sind, haben Sie immer noch die Möglichkeit, Unterlagen, die Sie vielleicht mitgenommen haben, zu bearbeiten. Ansonsten ist es bisweilen sinnvoll, sich etwas zu entspannen und sich auf den Termin zu konzentrieren.

Der andere Grund, zu spät zu kommen, ist leider nicht so einfach abzustellen – und zwar, weil dieser wieder einen Glaubenssatz oder einen inneren Widerstand darstellt. Wollen Sie den Termin nicht wirklich? Ist er Ihnen unangenehm? Was erhoffen Sie sich davon, zu spät zu kommen? Eine größere Aufmerksamkeit? Vermeidung? All dies können Gründe sein, warum Ihr Unterbewusstsein Sie dazu verleitet, den Termin nicht pünktlich wahrzunehmen.

Trainieren Sie in den nächsten Tagen Ihr Zeitmanagement. Legen Sie fest, welche Termine von Ihnen ein A, B oder C erhalten und ob die dafür vorgesehene Zeiteinteilung passt. Wenn nicht, ist hier Optimierungsbedarf. Überprüfen Sie sich, warum Sie zu spät zu Terminen kommen. Planen Sie die Anfahrt anders ein oder stellen Sie fest, welche inneren Widerstände, Glaubenssätze es gibt, die Ihnen im Wege liegen.

Z: Zielorientierung

Eines der schwierigsten Dinge ist es sicher, ein Ziel genau zu definieren. Im ersten Gespräch mit Kollegen und Freunden erscheint alles sonnenklar – insbesondere, welche Leistungen Sie Ihren Kunden anbieten möchten. Je konkreter jedoch alles wird, umso mehr Fragen tauchen auf. Das ist völlig normal und geht jedem Unternehmer so. Die Sache ist nur, wie Sie damit umgehen.

Ein Ziel zu definieren ist schwierig, und nur wenige Menschen beherrschen dies richtig. Ziele bleiben oftmals verschwommen – und wen wundert es, dass dann auch die Durchführung von Geschäften unklar bleibt. Was ist ein richtig gesetztes Unternehmensziel? Und wie definieren Sie Ziele? Hierzu möchte ich Ihnen einige Beispiele geben.

Übung:
Bitte überlegen Sie einmal, ob dies konkrete unternehmerische Ziele sind, die man umsetzen kann:

▓ Ich möchte ein erfolgreiches Unternehmen aufbauen.
▓ Ich möchte ein Unternehmen gründen, das bekannt ist.
▓ Ich möchte eine Dienstleistung anbieten, die vom Markt angenommen wird.
▓ Ich möchte eine Dienstleistung anbieten, die mir Freude macht.

Auswertung

Sie ahnen es bereits – dies alles sind zwar Ziele im herkömmlichen Sinne, jedoch keine, die klar und eindeutig sind. Was ist mein erster Schritt, wenn ich ein erfolgreiches Unternehmen aufbauen möchte? Woran messe ich, dass es erfolgreich ist? Wenn Sie Ihre unternehmerischen Ziele so im Unklaren lassen, wird es schwer sein, Ihre eigentlichen Ziele – die Sie hier nicht definiert haben – umzusetzen. Schwierig deshalb, weil die wesentlichen Informationen fehlen. Ich möchte Ihnen daher ein anderes Beispiel geben:

Beispiel eines messbaren Ziels

„Ich möchte ein erfolgreiches Unternehmen aufbauen. Den Erfolg kann ich daran erkennen, dass ich in diesem Jahr 80.000 Euro umgesetzt, zehn Kunden gewonnen und mindestens 40 Trainingstage verkauft habe. Um dies zu erreichen, werde ich in den nächsten vier Wochen – Start heute – von 9.00 bis 17.00 Uhr Kunden aus meiner Kundenliste anrufen und meine Produkte vorstellen mit dem Ziel, einen persönlichen Termin zum Kennenlernen zu erhalten."

Nun kommen wir dem Ganzen schon etwas näher. Bei diesem Ziel ist es einfacher, den Erfolg zu messen. Es ist einfacher, weil die Erfolgsparameter definiert sind – ich weiß in diesem Fall, dass die Höhe des Umsatzes, die Anzahl der Kunden und auch die Zahl der Trainingstage mir sagen wird, ob ich mein Ziel erreicht habe oder nicht.

Nun ist die Frage, warum sich einige Unternehmer keine genauen Ziele setzen. Das kann verschiedene Gründe haben. Vielleicht ist es nicht wichtig und sie möchten sich überraschen lassen, vielleicht wissen sie nicht, wie sie sich konkret ein Ziel setzen sollen, oder aber sie halten es für überflüssig, generell Ziele im Leben zu setzen, da sie genug Umsatz machen. Alles ist in Ordnung – wenn Sie sich dessen bewusst sind. Für den Fall, dass Sie nicht wissen, wie Sie sich ein konkretes Ziel setzen können, gibt es Abhilfe – die SMARTE Formel:

Die SMARTE Formel

- S: Sinnesspezifisch konkret
- M: Messbar
- A: Attraktiv
- R: Realistisch
- T: Terminiert
- E: Effektiv

Diese sechs Kriterien sollte jedes Ziel erfüllen, das Sie sich setzen. Sie werden sehen, dass es am Anfang nicht einfach ist, ein Ziel zu definieren, das alle Kriterien abdeckt. Wenn Sie dies jedoch geschafft haben, dann wird ein Ziel konkret und Sie haben die Chance, Ihr Unternehmen daran zu messen.

Training: Zielsetzung

Kommen wir noch einmal auf das oben genannte Beispiel zurück:

Beispiel „Ich möchte ein erfolgreiches Unternehmen aufbauen. Den Erfolg kann ich daran erkennen, dass ich in diesem Jahr 80.000 Euro umgesetzt, zehn Kunden gewonnen und mindestens 40 Trainingstage verkauft habe. Um dies zu erreichen, werde ich in den nächsten vier Wochen – Start heute – von 9.00 bis 17.00 Uhr Kunden aus meiner Kundenliste anrufen und meine Produkte vorstellen mit dem Ziel, einen persönlichen Termin zum Kennenlernen zu erhalten."

Sind Ihrer Meinung nach hier alle sechs Kriterien erfüllt?

- S: Sinnesspezifisch konkret
  Es ist konkret formuliert, wie Sie das Ziel angehen. Sie rufen die Kunden an und versuchen, einen Termin zu bekommen.
- M: Messbar
  Es ist auch messbar – Umsatzzahlen, Kundenzahlen, Trainingstage.
- A: Attraktiv
  Ich persönlich empfinde es auch attraktiv – das Ziel ist mir wert, Energie hineinzustecken.
- R: Realistisch
  Das ist hier ein kritischer Punkt. Die Telefonate sind realistisch. Ob ich die Aufträge aber bekomme oder nicht, hängt auch von der anderen Person ab. Dies kann ich nur bedingt beeinflussen. Insofern ist es realistisch, die Telefonate zu tätigen – die Umsatz- und Kundenzahlen wären jedoch nicht beeinflussbar und

damit kein Ziel nach dieser Formel. Ziel wären nach dieser Formel die Telefonate.

- T: Terminiert
  Es ist zeitlich terminiert – vier Wochen lang, Start heute, von 9.00 bis 17.00 Uhr werden die Telefonate durchgeführt.
- E: Effektiv
  Das Mittel, an Kunden zu kommen – die Telefonate –, ist adäquat, um das Ziel zu erreichen.

Viele Unternehmer setzen sich unklare Ziele und wundern sich, dass sie diese nicht erreichen. Setzen Sie sich zukünftig Ziele nach der SMARTE(n) Formel.

U: Überzeugungskraft

Sicher kennen Sie auch Menschen, die den Raum betreten – und der Raum ist gefüllt. Menschen, die, egal was sie sagen oder tun, begeistern und überzeugen. Es ist nicht entscheidend, was sie sagen, sondern wie und in welcher Art sie es sagen. Die Fähigkeit, andere zu überzeugen, macht es einfacher, geschäftlich Erfolge zu erringen. Haben Sie überzeugende Unternehmer schon einmal beobachtet und konnten Sie erkennen, warum sie so überzeugend waren? Ich habe festgestellt, dass es einige Punkte gibt, die sich bei Unternehmern mit Überzeugungskraft immer wieder finden lassen. Diese möchte ich Ihnen gerne vorstellen. Es handelt sich um

Die Macht des Charismas

- körperliche und geistige Anwesenheit,
- Authentizität und Leidenschaft für die Sache,
- stimmige Körpersprache.

Körperliche und geistige Anwesenheit

Menschen mit Überzeugungskraft sind nicht nur körperlich im Raum anwesend, sondern auch geistig da. Was meine ich damit? Wir alle sind heutzutage vielen Belastungen ausgesetzt und tragen diese mit uns herum. Wenn Sie zum Beispiel eine Rede halten, dann sprechen Sie zu anderen – sind innerlich aber vielleicht noch damit beschäftigt, dass das Finanzamt Unterlagen braucht, Sie gerade mit einem Kollegen ein unangenehmes Gespräch geführt haben, heute Abend pünktlich das Büro verlassen möchten und parallel gerade daran denken, wie Sie das alles am besten organisieren. Während Sie Ihre Rede halten, sind Sie also geistig mit vielen Dingen beschäftigt. Mein Eindruck ist, dass Menschen mit einer hohen Überzeugungskraft in der Lage sind, auf den Punkt genau mental da zu sein. Sie können für die Minuten, auf die es ankommt, alles andere an parallel laufenden Prozessen in ihrem Kopf verbannen – so hat der Zuhörer das Gefühl, dass dieser Mensch nur für die Sache einsteht und voll darauf konzentriert ist. Dadurch verwässert die eigentliche Aussage nicht und kommt beim anderen klar und deutlich an.

Authentizität und Leidenschaft für die Sache

Überzeugende Menschen wirken authentisch. Man nimmt es ihnen ab, dass sie hinter der Sache stehen, die sie vertreten. Unternehmer unterstreichen dies, indem sie mit Herz und Leidenschaft ein Produkt oder eine Dienstleistung darstellen. Ihr Angebot wird damit so schmackhaft, dass man es nicht mehr ablehnen kann. Es erscheint dem Angesprochenen sonnenklar, dass er genau das haben muss. Nun ist es vielleicht nicht immer so, dass ein Verkäufer mit Herz und Seele hinter seinem Produkt steht. Wenn es so ist, umso besser und einfacher für ihn. Wenn aber nicht, dann finden überzeugende Menschen einen Weg, sich für das Produkt oder die Leistung zu begeistern. Sie schauen sich das Darzustellende so lange an, bis sie etwas daran finden, was sie überzeugt, und daraus speisen sie ihre Energie. Es gibt vermutlich kaum ein Produkt und kaum eine Dienstleistung, die Sie zu 100 Prozent ablehnen – wenn Sie möchten, finden Sie überall etwas Positives. Nun ist die Frage, was Sie zeigen – das positive

Gefühl oder das skeptische. Menschen mit Überzeugungskraft entscheiden sich für Ersteres.

Mittlerweile ist bekannt, dass die Körpersprache einen wesentlichen Erfolgsfaktor darstellt. Nur zu 20 Prozent richten wir unsere Aufmerksamkeit darauf, was ein Mensch sagt – zu 80 Prozent spricht sein Körper. Dieser unterstreicht entweder das Gesagte oder aber nicht. Damit kommt der Körpersprache eine wichtige Funktion zu, und dies nutzen Menschen mit Überzeugungskraft. Sie unterstreichen das gesprochene Wort, ihre Aussage mit der passenden Körpersprache. Das rundet ihren Vortrag noch einmal ab.

Stimmige Körpersprache

Menschen mit Überzeugungskraft und Charisma sind körperlich und geistig anwesend, wenn sie etwas präsentieren. Zusätzlich nutzen sie die eigene Begeisterung für das Produkt und stellen es authentisch dar. Weiter bedienen sie sich der Körpersprache zur Unterstreichung.

Übung:

Wie sieht es mit Ihrer Überzeugungskraft aus? Ist das eine Unternehmereigenschaft, über die Sie verfügen? Lassen Sie uns das überprüfen:

1. Bereiten Sie sich bewusst darauf vor, wenn Sie etwas präsentieren oder verkaufen möchten? ☐ Ja ☐ Nein

2. Konzentrieren Sie sich auf das, was Sie vortragen möchten, beziehungsweise auf Ihren Auftritt? ☐ Ja ☐ Nein

3. Bekommen Sie begeistertes Feedback?
   Reagieren andere positiv auf Sie?   ☐ Ja ☐ Nein

4. Setzen Sie die Körpersprache bewusst
   ein, um Dinge zu unterstreichen?   ☐ Ja ☐ Nein

Auswertung

Wenn Sie überwiegend mit Ja geantwortet haben, sind Sie auf dem richtigen Weg – Sie konzentrieren sich auf das, was Sie anderen sagen, und das ist der erste wesentliche Schritt.

Nun merken Sie vielleicht, dass Sie gerne noch intensiver an Ihrer Überzeugungskraft und Ihrem Charisma arbeiten möchten – was tun Sie?

Training: Überzeugungskraft

Feedback von außen einholen

Um Ihre jetzige Überzeugungskraft zu überprüfen, ist es sinnvoll, dass Sie sich ein Feedback von anderen geben lassen. Fragen Sie zwei, drei Personen, vor denen Sie (sich) hin und wieder präsentieren – wirken Sie auf diese Menschen überzeugend? Gibt es etwas, was diese Ihnen als Verbesserungsideen mit auf den Weg geben?

Sich selbst beobachten – Dissoziation

Eine weitere Möglichkeit besteht darin, dass Sie sich selbst beobachten. Versuchen Sie, während Ihres Kundengesprächs oder in Präsentationen sich zeitweilig „neben sich zu stellen", und beurteilen Sie sich als neutraler Betrachter: Wie wirke ich? Bin ich mit Leidenschaft dabei? Konzentriere ich mich ausschließlich auf das, was ich sagen möchte? Nutze ich bewusst Körpersprache? Wenn Sie diese Übung hin und wieder anwenden, wird es Ihnen bald leichtfallen, sich während eines Gesprächs zu dissoziieren „neben sich selbst zu stellen" – und sich zu analysieren.

Um Überzeugungskraft zu trainieren, fragen Sie zunächst Bekannte und Freunde, wie Sie wirken – sind Sie überzeugend in dem, was Sie sagen? Beobachten Sie sich selber, indem Sie sich während eines Gesprächs oder einer Präsentation gedanklich neben sich stellen.

N: Netzwerken

Sind Sie ein Netzwerker? Bevor wir näher in das Thema einsteigen, lassen Sie uns das gemeinsam überprüfen.

Übung:
Beantworten Sie bitte folgende Fragen:

1. Meine Abende verbringe ich gerne
   mit anderen Menschen.   ☐ Ja ☐ Nein

2. Ich komme mit Geschäftspartnern
   immer leicht ins Gespräch.   ☐ Ja ☐ Nein

3. Ich habe im Laufe der letzten Jahre
   viele Businesskontakte gesammelt
   und melde mich dort regelmäßig.   ☐ Ja ☐ Nein

4. Ich achte darauf, mit Entscheidern
   Kontakt aufzunehmen und mich
   und meine Leistungen darzustellen.   ☐ Ja ☐ Nein

5. Bei der Auswahl meiner beruflichen
   Abendveranstaltungen wähle ich
   gezielt die aus, die mir interessante
   Kontakte vermitteln können.   ☐ Ja ☐ Nein

Auswertung

Sofern Sie diese Fragen häufiger bejaht als verneint haben, betreiben Sie zurzeit schon das Netzwerken. Wenn nicht, sollten Sie sich hierin schulen.

Netzwerke liegen im Trend

Eines der großen Trendthemen der Zeit ist das Netzwerken – nicht nur in Unternehmerkreisen. Jeder spricht davon, und jeder tut es. Die Regale im Buchhandel sind voll mit reichhaltigen Anleitungen hierzu. Da dieser Begriff oft sehr nebulös gebraucht wird – vielleicht, weil die Person, die darüber spricht, selbst gar nicht genau weiß, was Netzwerken ist und wozu es dient –, vermutet man dahinter die Erfüllung aller unternehmerischen Wünsche: solvente Kunden, große Aufträge und interessante Geschäfts- und Kooperationspartner. Lassen Sie sich davon nicht blenden. Zwar redet fast jeder vom Netzwerken, aber nur die wenigsten betreiben es professionell und knüpfen wirklich die Kontakte, die sie für ihr Unternehmen auch benötigen. Ich bin zwar der Meinung, dass die Fähigkeit, mit Menschen professionell und verbindlich in Kontakt zu treten, eine sehr wichtige Unternehmereigenschaft ist – jedoch müssen Sie dazu nicht zwingend in organisierte Netzwerke eintreten. Wenn Sie Zeit und Lust haben, dann können Sie bei dem reichhaltigen Netzwerkangebot, das auf dem Markt vorhanden ist, jeden Abend neue Menschen kennen lernen. Ob Sie daraus Geschäftsmöglichkeiten generieren, ist eine andere Frage. Denn Quantität bedeutet nicht auch gleich Qualität – Ihre Auftragsbücher füllen sich nicht automatisch, indem Sie fünf Abende in der Woche Veranstaltungen besuchen. Entscheidend ist, dass Sie mit realistischen Vorstellungen und Zielen in Netzwerke eintreten. Bevor wir uns gemeinsam anschauen, was ein Netzwerk bieten kann, beantworten Sie bitte folgende Fragen für sich:

Übung:
Wie viele berufliche Netzwerke kennen Sie? Treffen Sie dort auf potenzielle Kunden? Wie oft besuchen Sie Netzwerke? Setzen Sie sich vor dem Netzwerkabend ein konkretes Ziel? Wie schnell kommen Sie mit fremden Geschäftspartnern ins Gespräch? Fällt es Ihnen leicht, Kontakt herzustellen?

Netzwerken heißt, Kontakte zu Geschäftspartnern aufzubauen, sich auszutauschen über den Markt, über Geschäftsstrategien, Produkte und Dienstleistungen, sich gegenseitig kennen zu lernen mit dem Ziel, bekannter in der Branche und unter Entscheidern zu werden. Sie werden eines an dem Satz vermissen, und zwar „Geschäfte und Umsatz machen". Die meisten Existenzgründer glauben, dass in Netzwerken Geschäfte zustande kommen und daher keine weitere Akquisition erforderlich ist. Dies ist eine falsche Vorstellung. Natürlich werden Sie beim regelmäßigen Besuch von Netzwerken den einen oder anderen kennen lernen, der an Ihren Produkten oder Dienstleistungen interessiert ist oder Sie weiterempfiehlt. Das steht jedoch nicht im Mittelpunkt – und das sollten Sie wissen, bevor Sie sich für Hunderte von Euro an Jahresgebühr in Netzwerke „einkaufen".

Was bedeutet Netzwerken?

Es ist für den Erfolg Ihres Unternehmens nicht von Bedeutung, in viele Netzwerke einzutreten – sondern für Sie bedeutende Menschen von den weniger wichtigen zu unterscheiden und zu den Ersteren einen freundlichen und verbindlichen Kontakt aufzubauen. Weiter sollten Sie erkennen, wann es die Chance gibt, konkret ein Geschäft anzubahnen oder aber auch einen Geschäftspartner weiterzuempfehlen in der Hoffnung, dass dieser sich daran erinnern wird und auch Sie weiterhin im Blick hat. Es hat aus meiner Erfahrung wenig Sinn, sich zum Beispiel nur mit Existenzgründern zu vernetzen, denn diese stehen alle vor der gleichen Heraus-

Wichtig: die richtigen Kontakte

forderung und die heißt: Kunden finden und Geschäfte machen. Wenn Sie dieses Forum jedoch zum gegenseitigen Stärken und für den Gedankenaustausch nutzen, kann es wiederum ein gutes Netzwerk für Sie sein. Nur achten Sie darauf, dass Sie Ihre Kräfte gut einsetzen und nicht zu viel Energie darauf verwenden, mit Menschen in Kontakt zu sein, die selbst am Anfang stehen.

Netzwerke sind eine Möglichkeit, die eigenen Dienstleistungen vorzustellen und Kunden kennen zu lernen. Achten Sie bei der Auswahl des Netzwerkes darauf, eines zu wählen, in dem die für Sie wichtigen und entscheidenden Personen sind.

Gehen wir also davon aus, dass Sie bereit sind, einen Abend in der Woche für ein gutes Netzwerk zu investieren, sich dort auszutauschen – jedoch nicht in der Erwartung, dort Geschäfte zu machen. Nun stellt sich die Frage, welches Netzwerk eignet sich für Sie?

Vorsicht vor unseriösen Netzwerken In Deutschland gibt es Hunderte von Netzwerken, die sich mit den unterschiedlichsten Themen beschäftigen. Und fast jedes Netzwerk hat seinen Regionalkreis. Wenn Sie also vor der Entscheidung stehen, welchem Netzwerk Sie sich anschließen sollen, dann mangelt es nicht an der entsprechenden Auswahl. Aber hier ist Vorsicht geboten. Viele Netzwerke werden zurzeit von Beratern gegründet mit dem alleinigen Zweck, Geld zu verdienen. Und nicht Sie sollen mittels dieser Netzwerke Geld verdienen, sondern einzig und allein der Gründer des Netzwerkes. In dem Netzwerk-Boom, wo scheinbar jeder, der etwas auf sich hält, sich abends auf Veranstaltungen tummelt, statt seinen Hobbys nachzugehen, gibt es immer einige, die den schnellen Euro wittern und weniger seriöse, dafür perfekt beworbene Netzwerke gründen und den Mitgliedern stolze Summen entlocken, um diesem Netzwerk beitreten zu dürfen. Dabei mangelt es in solchen unseriösen Netzwerken häufig an den Kontakten, die Sie zum Aufbau Ihres Unternehmens brauchen. Nicht selten treffen Sie hier auf andere Unternehmensgründer, die die gleichen Starthindernisse haben wie Sie selbst. Oder Sie finden sich in einem Pool von Beratern wieder, wo jeder seine Dienstleistungen verkaufen möchte, jedoch keine Kunden und Multiplikatoren vorhanden sind.

Verstehen Sie mich nicht falsch, natürlich können Sie auch dort interessante Abende verbringen – jedoch wird es Sie geschäftlich nicht weiterbringen. Daher prüfen Sie jedes Netzwerk, dem Sie beitreten möchten und für das Sie Geld zahlen sollen. Jedes seriöse Netzwerk gibt Ihnen die kostenlose Möglichkeit, an verschiedenen Abenden hineinzuschnuppern, Mitglieder kennen zu lernen und zu überprüfen, ob es das richtige für Sie ist. Wenn Sie dies nicht tun dürfen, können Sie davon ausgehen, dass das Netzwerk nicht Ihren Ansprüchen genügen wird, und sollten davon Abstand nehmen.

Und ein Weiteres sollten Sie bei der Auswahl beachten: Der Tag hat nur 24 Stunden und die Woche fünf Werktage. Sie sollten also mit Ihrer Zeit effizient umgehen. Gerade Existenzgründer machen häufig den Fehler, wahllos abends Netzwerke zu besuchen in der Hoffnung, potenzielle Auftraggeber zu finden. Auch ich habe am Anfang meiner Selbstständigkeit fast keinen Abend ein Netzwerk ausgelassen; interessante Menschen habe ich immer kennen gelernt, jedoch war ich selten vor 24:00 Uhr zu Hause, und das macht sich am nächsten Tag bemerkbar. Wenn Sie dieses Pensum vier bis fünf Tage in der Woche praktizieren, dann investieren Sie Ihre Energie falsch. Denn die eigentliche Energie eines Unternehmensgründers sollte in den Aufbau seines Unternehmens und die Akquise von Kunden fließen – und nicht ins abendliche Netzwerken.

An die Zeitökonomie denken

Welches Netzwerk ist das richtige?

Nun habe ich Sie hoffentlich nicht abgeschreckt und Sie haben immer noch Interesse, das für Sie richtige Netzwerk zu finden. Wie gehen Sie bei der Auswahl vor? Sie sollten sich die Frage stellen, was Sie von dem Netzwerk erwarten – welche Menschen möchten Sie dort treffen? Geht es um Branchen-Know-how, über das Sie sich austauschen wollen, oder vermuten Sie dort potenzielle Kunden? Wenn Sie sich diese Frage kritisch stellen und einen Schnupperabend in dem bevorzugten Netzwerk verbringen, werden Sie schnell merken, ob es Ihre Erwartungen erfüllt.

Es gibt nun viele Möglichkeiten: Sie können sich zum Beispiel dafür entscheiden, in den Regionalkreis Ihrer bevorzugten politischen Partei einzutreten – hier finden Sie Unternehmer, Anwälte, Steuerberater. Oder Sie schließen sich dem Alumni Ihrer ehemaligen Universität an – unter den Kommilitonen gibt es sicher den einen oder anderen, der es zum Abteilungsleiter gebracht hat und nun über einen eigenen Topf für die Vergabe von Budgets verfügt. Im ASU (Arbeitsverband Selbstständiger Unternehmer) sind ausschließlich Unternehmer Mitglied, jedoch ist die Eintrittshürde für Existenzgründer relativ hoch. Weiter gibt es unzählige Branchennetzwerke wie den BDI (Bundesverband der deutschen Industrie), den BDVT (Berufsverband der Verkaufsförderer und Trainer), den BDU (Bundesverband deutscher Unternehmensberater) – und falls Sie sich als Frau einem reinen Frauennetzwerk anschließen möchten, zum Beispiel den BFBM (Bundesverband der Frau im freien Beruf und Management) oder den BPW (Business and Professional Women Germany). (Sämtliche Adressen siehe Anhang.) Auch Lions oder Rotary Club sind klassische seriöse Netzwerke. Eine ausführliche Darstellung aller relevanten Netzwerke finden Sie unter anderem in dem Buch *Erfolgsstrategie Networking* von Monika Scheddin.

Für Frauen hier noch ein besonderer Hinweis aus eigener Erfahrung: Die Budgets in Unternehmen verwalten häufig Männer. Sicherlich gibt es die eine oder andere erfolgreiche Frau, die für Sie eine interessante Kundin ist, in den Frauennetzwerken findet man jedoch häufig Unternehmerinnen, die selbst versuchen, neue Kunden zu werben. Und weiter sollten Sie bedenken, dass die Kultur von Frauen, Geschäfte zu machen, sich hin und wieder von der der Männer unterscheidet. Und Sie sollten beides lernen – das Netzwerken mit Frauen, aber auch mit Männern.

Bei Frauennetzwerken besonders zu beachten

Übung:
Nehmen Sie bitte ein Blatt Papier und einen Stift zur Hand. Welche Netzwerke eignen sich für Sie, um Ihre Dienstleistungen und Produkte vorzustellen? Wo können Sie sich über diese Netzwerke informieren?

Besuchen Sie nur einzelne, zielbringende Netzwerke und investieren Sie Ihre Kraft ansonsten besser in die Telefonakquisition.

Ich hatte bereits erwähnt, dass Netzwerke nicht unmittelbar zu Aufträgen führen. Jedoch kann ein gut gepflegter Netzwerkkontakt für Sie mittelbar sehr wertvoll sein. Es gibt eine IBM-Studie, die immer wieder dann bemüht wird, wenn es darum geht zu definieren, was Menschen und besonders Unternehmer erfolgreich macht. Und das ist nur zu einem geringen Teil die Qualität des Angebotes oder das Auftreten – nach dieser Studie hängen fast 60 Prozent vom Bekanntheitsgrad einer Person oder eines Unternehmens ab.

Netzwerke zur Geschäftsanbahnung?

Natürlich gebe ich Ihnen Recht, dass Sie keinen Kunden lange werden halten können, wenn die Qualität Ihres Angebots nicht stimmt oder Ihr Auftreten nicht adäquat ist. Jedoch ist das erst im zweiten Schritt relevant. Das Wesentliche ist zunächst die Bekanntheit, und das bedeutet: Investieren Sie so viel Zeit und Energie wie möglich, um sich und Ihre Produkte bekannt zu machen. Wo sonst haben Sie die Möglichkeit, so viele Unternehmer und Firmenentscheider zu treffen, als auf ausgewählten Netzwerkabenden. Das sollten Sie nutzen, denn hier haben Sie die Chance, Ihre Persönlichkeit mit Ihrem Produkt zu verknüpfen. Und nichts ist für den Erfolg wichtiger, als emotional bindend und authentisch das eigene Produkt darzustellen. Gelingt es Ihnen, bei Ihrem Netzwerkpartner einen persönlichen Eindruck zu hinterlassen, dann können Sie sicher sein, dass er sich immer an Sie erinnern wird. Nutzen Sie daher diese Treffen, um viele Menschen kennen zu lernen, und bleiben Sie nicht aus Vertrautheit oder falsch verstandener Freundlichkeit den ganzen Abend bei nur einem Gesprächspartner stehen, der für Sie kein Multiplikator ist. Mit „Multiplikator" ist eine Person gemeint, die kraft ihrer Bekanntheit oder ihres guten Netzwerks wiederum weitere interessante Menschen kennt, denen gegenüber sie Sie eventuell erwähnen wird. Vertrauen Sie dem Schneeballeffekt und suchen Sie nach den Bällen, die auch weitere anstoßen.

Wie erkennen Sie jedoch diese Multiplikatoren und was machen Sie, wenn Sie neben einer Person stehen, mit der Sie nun so gar nichts anfangen können – wie trennen Sie sich von dieser?

> **Übung:**
> Besuchen Sie das nächste Netzwerk mit folgender Fragestellung: Wer ist hier der für mich wichtige Ansprechpartner – wer könnte für mich Multiplikator sein?

Netzwerkkontakte führen nur selten zu direkten Aufträgen. Jedoch können Sie über Multiplikatoren Ihre Dienstleistungen und Produkte einer größeren Anzahl von Personen vorstellen. Vertrauen Sie dem Schneeballeffekt.

Über das Verhalten von Menschen in Netzwerken könnte man Bücher schreiben – hier möchte ich das Thema nur kurz anreißen. Wenn Sie es vertiefen möchten, empfehle ich Ihnen wiederum den Ratgeber von Monika Scheddin. Es gibt eine Art Knigge des Netzwerkverhaltens, der nirgends fixiert, jedem professionellen Networker jedoch bekannt ist. Eine der wesentlichen Regeln ist das Win-win-Prinzip. Sie sollten stets darauf achten, dass sowohl Sie als auch die andere Seite etwas von dem Kontakt haben. Das bedeutet nicht, dass es immer sofort zu einem Ausgleich kommen muss, jedoch macht das Netzwerken nur dann mittelfristig Freude, wenn beide etwas davon haben. Wenn Sie erst einmal in dem Ruf stehen, nur auf Ihren Vorteil bedacht zu sein, wird sich das in den entsprechenden Kreisen schneller herumsprechen, als Ihnen lieb ist – und es wird nur schwer möglich sein, diesen Ruf zu verändern. Also denken Sie daran: Zu bekommen ist schön, aber zu geben ist genauso wichtig.

Verhaltensregeln in Netzwerken

Ein zweites entscheidendes Thema ist der Smalltalk. Sie kommen mit den meisten fremden Menschen nur dann in Kontakt, wenn Sie Smalltalk betreiben. Dies fällt vielen Menschen schwer – stellt sich doch schon die Frage, welche Themen man wählt, wie man jemanden anspricht und wie man es schafft, von einem Smalltalk-Thema auf ein anderes zu wechseln. Es gibt Dos und Don'ts bei der Auswahl. Beispielsweise eignen sich zum Smalltalk immer Themen rund um Wetter, Reisen und Ihre Hobbys, da sie unverfänglich sind. Weniger geschickt ist es dagegen, über Religion, Politik oder Krankheit zu sprechen. Natürlich kann es geschehen, dass Sie sich so

Was beim Smalltalk zählt

gut mit dem Menschen, den Sie auf einem Netzwerk kennen gelernt haben, verstehen, dass Sie auch über tiefer gehende Angelegenheiten sprechen. Im ersten Kontakt sollten Sie dies jedoch vermeiden, denn es birgt die Gefahr, dass Sie wunde Punkte treffen, die die Atmosphäre schnell emotionalisieren. Und das macht ein Gespräch nicht leichter. Also wählen Sie am besten leichte, unverbindliche Themen und beobachten, wie sich das Gespräch entwickelt (Buchempfehlung: *Stilvoll zum Erfolg* von Elisabeth Bonneau).

Übung:
Überprüfen Sie bei Ihrem nächsten Netzwerktreffen, wie Sie mit fremden Gesprächspartnern in Kontakt kommen. Achten Sie besonders darauf, ob das Gespräch für Sie einen gehaltvollen Inhalt hat und wie Sie es auf die für Sie wichtigen Themen lenken.

Achten Sie beim Netzwerken immer darauf, Win-win-Situationen zu schaffen. Streben Sie keine kurzfristigen einseitigen Geschäftsbeziehungen an. Wählen Sie zur Kontaktaufnahme neutrale Smalltalk-Themen.

Training: Netzwerken

Wie können Sie das Netzwerken trainieren? Fangen Sie im Kleinen an. Suchen Sie sich ein überschaubares Netzwerk mit Menschen, die Sie vielleicht kennen. Dann ist der erste Schritt leichter. Üben Sie mit diesen Menschen Smalltalk – beobachten Sie, wie andere Kontakte anbahnen. Welche Themen sprechen sie an? Wann sprechen sie welche Person an? Wie erfolgt die Gesprächsführung?

Setzen Sie sich nicht unter Druck. Das merkt Ihr Gegenüber und das Gespräch wird verkrampft. Ich netzwerke mittlerweile, indem ich gar nicht mehr an das Geschäft denke, sondern mich einfach so gebe, wie ich bin. Seitdem stelle ich fest, dass ich vermehrt nach meiner Visitenkarte gefragt werde.

Üben Sie das Netzwerken in kleinen, übersichtlichen Kreisen und beobachten Sie andere dabei, wie sie Kontakt aufnehmen. Wann sprechen sie eine Person an, wen sprechen sie an und mit welchen Themen kommen sie ins Gespräch? Beobachten Sie dabei auch die angesprochene Person, was war ihr angenehm – was unangenehm?

D: Durchhaltevermögen

Das Durchhaltevermögen, die Nachhaltigkeit Ihres unternehmerischen Tuns, halte ich für extrem wichtig – hieran scheitern viele Existenzgründer.

Mit dem Durchhaltevermögen meine ich sowohl die finanzielle Durchhaltekraft als auch die psychische Stabilität. Fast jeder Unternehmer macht am Anfang die Erfahrung, dass sich das Geschäft nicht so schnell und erfolgreich entwickelt wie geplant – oder gar, dass Dienstleistungen und Produkte nicht angenommen werden. Es kommt häufig vor, dass man Akquisitionsstrategie, Marketing oder auch die Dienstleistung an sich sowie den Kundenkreis überdenken muss. Und dies muss man sowohl finanziell als auch psychisch aushalten. Als ich anfing, machte ich einen großen Fehler, ich habe zu viel angeboten. Durch diesen „Bauchladen" hatte ich keine Möglichkeit, mich in einer Nische zu positionieren. Daher konnte ich nicht zielgerichtet Bekanntheit aufbauen –

Wichtig: finanzielle und psychische Kraft

sondern verwässerte mein Profil. Es hat mich einige Zeit gekostet, dies festzustellen und es zu ändern, da ich dachte, ich müsse zunächst alles nehmen, was kommt. Das war ein Fehler, den viele Unternehmer am Anfang begehen.

Ich habe dann unterschiedliche Dinge ausprobiert, um zunächst einmal zu lernen, wo der Kunde mich sieht und in welchen Bereichen er mich einsetzen möchte. All das hat Zeit, Geld und auch Nerven gekostet. Es gab viele Tage, an denen ich kräftemäßig zu knabbern hatte und meine Aktivität auch hin und wieder in Frage gestellt habe. Es gibt sicherlich kaum einen Unternehmer, der es als besonders angenehm empfindet, zwei Wochen am Stück Kaltakquisition am Telefon zu betreiben. All das erfordert eines – Durchhaltevermögen.

Der Unternehmer-Marathon Wie schätzen Sie sich hier selber ein? Haben Sie Stehvermögen? Und wenn ja, wie viel? Ich vergleiche in diesem Zusammenhang den Aufbau eines Unternehmens gern mit einem Marathonlauf. Und tatsächlich hilft mir das Training für den Marathon bei der Arbeit in meinem Unternehmen, denn in beiden Projekten muss ich lernen, geduldig zu trainieren und nicht bei der kleinsten Erschöpfung aufzugeben. Treiben Sie Sport? Mental kann Ihnen das durchaus helfen, um sich für den Unternehmer-Marathon zu rüsten. Man sieht und erlebt es bei Leistungssportlern – nach ihrer sportlichen Laufbahn sind sie häufig auch beruflich erfolgreich. Dies ist sicher damit zu begründen, dass sie im Training gelernt haben, durchzuhalten. Sie sind in der Lage, sich ein Ziel zu setzen und für dieses ausdauernd zu trainieren.

Es ist für das Durchhaltevermögen aus meiner Sicht sehr wichtig, sich Ziele zu setzen. Denn wenn Sie keine Ziele haben, können Sie sich an nichts messen und wissen nicht, wie lange Sie noch durchhalten müssen und wann Sie zwischendurch eine Pause einlegen können. Insofern empfehle ich Ihnen, nicht nur das große Ziel zu definieren, sondern sich auch kleine Zwischenziele zu setzen. Denn oftmals weiß man im Nachhinein gar nicht mehr, ob man sich bereits auf den Weg gemacht hat und das ein oder andere erreicht ist.

Setzen Sie sich kleine Zwischenziele und belohnen sich dafür!

Ganz pragmatisch erstelle ich mir am Anfang des Jahres immer eine Excel-Tabelle. Dort trage ich die einzelnen Monate ein und versehe diese mit einem To-do. In jedem Monat setze ich mir kleine Zwischenziele, wie zum Beispiel ein bestimmtes Angebot auszuarbeiten, einen neuen Kunden zu gewinnen, einen Artikel zu schreiben etc. Dieses trage ich mir mit Datum in mein Outlook ein und arbeite es ab. Ich bin dann am Ende des Jahres – oder wenn ich zwischendurch in den Kalender schaue – immer ganz überrascht, wie viele Zwischenziele ich erreicht habe, ohne es bewusst wahrzunehmen. Dies motiviert mich und stärkt mein Durchhaltevermögen. Für das ein oder andere besondere Zwischenziel, das ich erreicht habe, mache ich mir selber ein Geschenk und feiere mich.

Beispiel

Ich habe am Anfang den Fehler gemacht, mich ausschließlich auf meine Arbeit zu konzentrieren. Nun bin ich eine Person, die viel Energie aus der Arbeit zieht, und ich arbeite sehr gerne. Ich halte es mittlerweile jedoch für sehr wichtig, sich Auszeiten zu nehmen, wie zum Beispiel Urlaube. Urlaube sind kleine Kraftoasen, die Sie zwischendurch ansteuern. Und da kein Mensch unbegrenztes Durchhaltevermögen hat, ist es wichtig zu wissen, wo die nächste Tankstelle steht, um neue Energie zu tanken.

Planen Sie regelmäßige Auszeiten ein

Durchhaltevermögen hat auch etwas mit Disziplin zu tun – und ist für mich eine Grundtugend. Egal, ob Sie ein Unternehmen gründen oder nicht – Biss und Durchhaltevermögen ist immer wieder im Alltag gefragt. Und je mehr Sie das mental trainieren – zum Beispiel über Ausdauersport –, umso leichter fällt es Ihnen.

Durchhaltevermögen ist eine wesentliche Unternehmereigenschaft, da der Aufbau eines Unternehmens nicht immer verläuft wie geplant. Sie sich können über Ausdauersport mental stärken. Wichtig ist es, dass Sie sich Zwischenziele setzen, regelmäßig Auszeiten einplanen und wissen, wo Ihre Tankstelle steht, um Energie aufzuladen.

Übung:
Wie schätzen Sie sich selber ein? Sind Sie ein Typ, der durchhält? Der auch lange Stecken zurücklegen kann, ohne aufzugeben? Beantworten Sie hierzu bitte folgende Fragen:

1. Treiben Sie Ausdauersport? ☐ Ja ☐ Nein

2. Sind Sie in der Lage, nachhaltig an einem Projekt zu arbeiten? ☐ Ja ☐ Nein

3. Setzen Sie sich Zwischenziele? ☐ Ja ☐ Nein

4. Merken Sie, wenn es sich nicht mehr lohnt, in eine Sache Energie zu investieren? ☐ Ja ☐ Nein

Auswertung

Anhand der (Ja-)Antworten merken Sie bereits, ob Sie dazu tendieren, mit Durchhaltevermögen Projekte anzugehen oder nicht. Aber wie kann man Durchhaltevermögen trainieren?

Training: Durchhaltevermögen

Eines meiner Rezepte: Treiben Sie Ausdauersport. Dort lernen Sie alles, was Sie an Durchhaltevermögen in Ihrem Unternehmen benötigen. Sie lernen, sich mental auf etwas vorzubereiten, Ihre Reserven richtig einzuplanen, sich Pausen zu nehmen – und schließlich im Ziel zu feiern. Das kann Laufen, Radfahren, Schwimmen etc. sein. Wenn Ihnen Sport nicht liegt, dann können Sie auch über andere Projekte Ihr Durchhaltevermögen trainieren, indem Sie zum Beispiel einen alten Tisch aufarbeiten, ein Fotoalbum zusammenstellen etc. All dies sind Projekte mit Höhen und Tiefen, die Sie eine Zeit lang begleiten. Beobachten Sie sich bei Ihrem Projekt und stellen Sie selber fest, wo Ihre Stärken und Schwächen liegen und wie Sie sich immer wieder motivieren, weiterzumachen.

Durchhaltevermögen können Sie durch Ausdauersport oder auch eine andere längerfristige Tätigkeit trainieren. Beobachten Sie sich dabei, wie Sie Krisensituationen in diesen Projekten meistern, und übertragen Sie diese auf den Aufbau Ihres Unternehmens.

E: Ergebnisorientierung

Am Anfang meiner Selbstständigkeit war ich nach Kundengesprächen immer glücklich und froh, wenn alles gut gelaufen war, die Atmosphäre nett war und die Verabschiedung dementsprechend. Im Gespräch wurden oftmals viele Fragen aufgeworfen, die ich beantwortet habe – und das erschien mir richtig. Ich dachte mir, dass der Kunden sich nun das richtige Angebot heraussuchen würde, das zu ihm passt und das ich abdecken kann. Dies war ein großer Irrtum.

Punktgenaue Angebote unterbreiten

Ich habe im Laufe meiner Selbstständigkeit festgestellt, dass die Kunden ein passgenaues Angebot benötigen – und manchmal auch das Herstellen der Verbindung zwischen ihrer aktuellen Situation und dem Einsatz meiner Services. Wie soll der Kunde auch wissen, womit ich ihm helfen oder wie ich ihn unterstützen kann? Das zu erkennen ist nicht seine, sondern meine Aufgabe. Es geht nicht nur darum, Angebote zu unterbreiten, sondern diese auch auf die Bedürfnisse des Kunden zuzuschneiden. Das ist wie beim Kauf eines Kleidungsstückes. Eines passt sofort und überzeugt Sie – ein anderes ist von der Grundform passend, muss jedoch an einigen Stellen noch etwas geändert werden, damit Sie es tragen können. Genauso ist es mit den Angeboten von Unternehmern.

Gesprächsziel festlegen

Also, ich kam aus den Kundengesprächen und stellte fest, dass alles gut gelaufen war – jedoch kein konkreter Auftrag daraus entstand. Nun ist es sicher so, dass nicht auf jeden Kundenbesuch sofort ein Auftrag folgt – oftmals geht es erst einmal darum, sich kennen zu lernen und abzuwarten, wann das Angebot passen könnte. Manchmal ist es auch so, dass Sie den Kunden mit Ihren Leistungen nicht überzeugen – dann passt man nicht zusammen. Es kann allerdings auch sein, dass das Gespräch nicht ergebnisorientiert geführt wurde. In diesem Fall haben Sie vergessen, sich ein Gesprächsziel zu setzen, an dem Sie später das Ergebnis der Unterredung messen können. Was könnte Ziel und damit Ergebnis eines erfolgreichen Gesprächs sein?

- Die Services vorzustellen,
- einen nächsten konkreten Schritt zu vereinbaren,
- einen Folgetermin zu verabschieden,
- ein konkretes Angebot auszuarbeiten
- etc.

Sie sehen, das Ergebnis eines Kundengesprächs kann vielfältig sein. Und daher ist es sinnvoll, dass Sie sich vorab Gedanken darüber machen, was Sie in diesem Gespräch erreichen möchten – wohl wissend, dass Sie dies nicht alleine erreichen werden, sondern Ihr Kunde auch dazu bereit sein muss.

Das Kundengespräch ist ein Bereich, in dem Sie ergebnisorientiert vorgehen sollten. Aber auch bei der täglichen Arbeit müssen Sie darauf achten, ein konkretes Ergebnis zu erzielen. Ich sprach an anderer Stelle bereits die Priorisierung und Klassifizierung der To-dos an (siehe Seite 117). Dies gilt auch hier. Es ist ein Leichtes, zehn Stunden täglich mit organisatorischen Dingen zu verbringen, die Frage ist, ob Sie hiermit zu einem Ergebnis kommen, das Sie auf Ihrem Weg zu Ihrem Ziel weiterbringt. Um ergebnisorientiert arbeiten zu können, müssen Sie natürlich wissen, welche Ergebnisse zielführend sind – und welche nicht.

Welche Ergebnisse führen Sie zu Ihrem Ziel?

Es gibt allgemeine und spezifische Ergebnisse – dies hängt davon ab, welches Ziel Sie vor Augen haben. Ein Ergebnis, das alle Unternehmer erreichen möchten, sind Umsatz und möglichst attraktive Kunden, weiter eine Bekanntheit im Markt. Jedoch ahnen Sie schon, dass diese allgemein gehaltenen Ziele nicht unserer oben definierten SMARTE(n) Formel genügen (siehe Seite 99). Daneben gibt es Ergebnisse, die nur für Sie gelten. Diese Ergebnisse hängen unter anderem davon ab, in welchen Bereichen Sie tätig sind. Wenn Sie Privatpersonen mit Ihren Angeboten erreichen möchten, setzen Sie sich andere Ziele, als wenn Sie Geschäftskunden ansprechen. Bei der Ansprache von Endverbrauchern benötigen Sie eine große Bekanntheit am Markt, die Sie über Massenwerbung erreichen können. Ganz anders, wenn Sie in einem Nischensegment tätig sind – dort ist flächendeckende Bekanntheit bei Konsumenten nicht wirtschaftlich verwertbar. Sie müssen den Business-Kunden ansprechen, sich das Ziel setzen, in dieser Nische Bekanntheit zu erlangen. Bei manchem Kunden kann es ein gutes Gesprächsergebnis sein, seine Services vorzustellen – insbesondere, wenn es der erste Kontakt ist. Bei einem Kunden, den Sie bereits seit einem Jahr kennen, wäre das kein adäquates Ergebnis – nach einem vielleicht dritten Besuch erwartet man vielleicht einen konkreten Auftrag oder aber die Möglichkeit, ein verbindliches Angebot abgeben zu können. Sie sehen also, die Ergebnisse von Gesprächen oder dem täglichen Tun hängen von Ihrem Ziel und verschiedenen anderen Rahmenbedingungen ab.

Entscheidend ist, dass Sie bewusst ergebnisorientiert arbeiten. Setzen Sie sich pro Tag, pro Woche, je Monat oder bei jedem Geschäftstreffen ein Ziel, das Sie erreichen möchten.

Seien Sie sich bewusst, dass Sie sich für Ihre unternehmerische Tätigkeit konkrete Ergebnisse vornehmen müssen, die Sie erreichen möchten. Die Ergebnisse hängen davon ab, in welchen Bereichen Sie tätig sind und welche Kunden Sie ansprechen wollen.

Übung:
Arbeiten Sie ergebnisorientiert – wie schätzen Sie sich selber ein?
Beobachten Sie sich bei einem Ihrer nächsten Projekte – dies kann ein Gespräch oder eine Verhandlung in Ihrer Firma sein oder auch ein ganz normaler Tagesablauf. Setzen Sie sich hierfür vorab ein klares Ziel. Mit welchem konkreten Ergebnis möchten Sie den Tag oder das Gespräch beenden?

Training: Ergebnisorientierung

Wie trainieren Sie, ergebnisorientierter an Dinge heranzu-
gehen?

Zunächst sollten Sie wissen, welche Ergebnisse Sie erreichen
möchten und welche Schritte Sie gehen sollten, um Ihrem
eigentlichen Ziel – der erfolgreichen Gründung eines Unternehmens – näher zu kommen. Das heißt, Sie sollten sich das
große Ziel in viele kleine Zwischenziele unterteilen. Welches
Ergebnis müssen Sie erzielen, um das Zwischenziel A zu erreichen? Welche Vorbereitungen können Sie treffen, um dem
Ergebnis zur Erreichung des Zieles A näher zu kommen? Was
müssen Sie dafür tun? Wie machen es andere? Was können
Sie daraus lernen?

All das sind Ansätze, wie Sie lernen können, ergebnisorien-
tierte Projekte zu verfolgen und zu gestalten.

**Trainieren Sie Ihre Ergebnisorientiertheit, indem Sie sich
klar darüber werden, welche Ergebnisse Sie erreichen müssen, um Ihrem eigentlichen Ziel näher zu kommen. Treffen
Sie die dafür nötigen Vorbereitungen und vergleichen Sie
diese mit anderen – was können Sie eventuell von anderen
lernen, die ergebnisorientierter arbeiten, und wie können
Sie dies in Ihr Leben integrieren?**

R: Realitätsbewusstsein

Realitätsbewusstsein – was ist das?

Übung:

Was glauben Sie, wie viele Telefonate werden zu direkten Aufträgen führen? Wie schnell werden Sie Ihr Unternehmen in die schwarzen Zahlen bringen? Ab wann werden Sie wieder entspannt Urlaub machen können?

Auflösung

Nur 3 bis 5 Prozent Ihrer Kalttelefonate werden zu Terminen, vielleicht zu Aufträgen führen. Im Durchschnitt benötigen Sie ein bis drei Jahre, um mit Ihrem Unternehmen in die schwarzen Zahlen zu kommen. In den ersten zwei Jahren werden Sie wahrscheinlich kaum an Urlaub denken – mangels Geld und schlechtem Gewissen, Sie könnten einen Kunden verpassen.

Sich selbst richtig einschätzen

Es ist wichtig, dass Sie mit dem nötigen Realitätsbewusstsein an Ihre Selbstständigkeit gehen. Setzen Sie sich realistische Ziele – auch wenn diese Sie am Anfang nicht gerade motivieren. Hängen Sie Ihre Messlatte nicht so hoch – denn andernfalls können Sie nur enttäuscht werden. Ich erlebe oft Existenzgründer, die sich grämen, dass sich ihr Business nicht so schnell entwickelt wie erhofft. Und nach der Enttäuschung kommt dann die Demotivation. Wenn ich nachfrage, dann stelle ich häufig fest, dass die Enttäuschung daherrührt, dass diese Personen nicht realistisch an die Unternehmensgründung herangegangen sind. Mit Realitätsbewusstsein meine ich nicht nur, dass Sie den Markt richtig einschätzen sollen – Sie müssen auch sich selber realistisch sehen können. Wie viel Zeit und Energie sind sie beispielsweise bereit, in Ihr Geschäft zu stecken? Wie lange sind Sie willens, Ihr Geld ausschließlich in Ihr Unternehmen zu investieren? Wie gehen Sie mit Demotivation um – können Sie sich wieder motivieren?

Dazu müssen Sie zunächst überhaupt ein Gefühl dafür haben, was realistisch ist. Wo können Sie realistische Daten bekommen? Eine Möglichkeit ist, dass Sie sich mit anderen Unternehmern unterhalten, die schon länger selbstständig sind. Welche Erfahrungen haben diese gesammelt? Wo hatten sie Probleme? Wie lange hat es gedauert, Kunden zu binden etc.? Alternativ können Sie Bücher zum Thema lesen oder aber sich bei entsprechenden Beratungsstellen für Existenzgründer beraten lassen. Auch Letztere verfügen über Know-how beziehungsweise über einschlägige Unterlagen (siehe auch im Anhang). Dann gleichen Sie Ihre Vorstellungen mit den gewonnenen Informationen ab und stellen fest, ob Sie realistisch an Ihr Geschäft herangehen oder nicht.

Gehen Sie mit dem nötigen Realitätsbewusstsein an die Gründung Ihres Unternehmens heran. Unterhalten Sie sich mit anderen Unternehmern oder lesen Sie Bücher und informieren Sie sich bei Beratungsstellen – dann wissen Sie, ob Ihre Ideen realistisch sind.

Training: Realitätsbewusstsein

Ihr Realitätsbewusstsein können Sie am besten trainieren, wenn Sie sich immer wieder bewusst machen, aus welcher Perspektive Sie Ihre Geschäftsidee betrachten. Denken Sie an das Disney-Modell zurück. Seien Sie sich bei der Begutachtung einer neuen Idee darüber klar, ob Sie diese aus der Sicht des Visionärs, des Realisten oder des Kritikers bewerten. Bei wichtigen Entscheidungen sollten Sie alle drei Positionen vorab befragt haben. Auch der Austausch mit bodenständigen Unternehmern kann zu Training und Überprüfung

Ihres Realitätsbewusstseins beitragen. Das Thema Realitätsbewusstsein ist heikel – es gibt Unternehmer mit sehr visionären Gedanken, bei denen man auf den ersten Blick denkt, ihnen fehle die nötige Bodenhaftung und sie würden mit ihrer Idee nie Erfolg haben. Das muss aber so nicht sein. Ich rate Ihnen, vor jeder wichtigen Entscheidung die drei Positionen einzunehmen – auch wenn Sie nicht auf Ihren inneren Kritiker hören, so wissen Sie doch, auf welche potenziellen Risiken Sie sich einlassen und ob Sie bereit sind, diese im Zweifel zu tragen.

F: Finanzkraft

Wir packen weiter und stellen fest, dass der Rucksack schon ziemlich voll ist. Also müssen wir uns sehr bewusst darüber Gedanken machen, was wir noch einpacken. Finanzkraft erscheint mir noch eine wesentliche Voraussetzung für eine Unternehmensgründung. Sind Sie sich darüber klar, dass es vermutlich einige Zeit dauern wird, bis Ihr Unternehmen so bekannt ist, dass es sich selbst tragen kann? Wie viele Reserven haben Sie?

Jedem Existenzgründer sollte deutlich sein, dass es im Durchschnitt ein bis fünf Jahre dauert, bis sich das Geschäft trägt. Darauf müssen Sie sich einrichten. Neun Monate erhalten Sie gegebenenfalls Überbrückungsgeld – danach müssen Sie auf eigenen Beinen stehen. Ich stelle oft fest, dass Jungunternehmer die ersten Monate im wahrsten Sinne des Wortes „verschlafen", weil sie der Meinung sind, neun Monte wären eine lange Zeit, das Unternehmen aufzubauen – sie brauchten sich nicht zu beeilen. Nach vier bis fünf Monaten sieht es dann ganz anders aus. So langsam stellt sich Panik ein, weil doch nicht alles so läuft wie gedacht. Mein Rat an Sie lautet daher: Nutzen Sie jeden Tag für Ihr Unternehmen. Wenn Sie Erholung benötigen, planen Sie lieber ein verlängertes Wochenende ein oder eine Woche, in der Sie die Arbeit ruhen lassen – ansonsten schleicht sich das Nichtstun und Ausruhen in Ihren Alltag ein, und das ist für Ihr Unternehmen nicht förderlich. Überprüfen Sie, mit welchen Einnahmen und Ausgaben Sie in den nächsten ein bis drei Jahren rechnen. Erstellen Sie einen Plan und gleichen diesen der Realität an. Wie viele Rücklagen haben Sie, die Sie nutzen können?

So mancher Jungunternehmer versucht am Anfang seiner Selbstständigkeit, seine Kasse mit Aushilfsjobs aufzubessern oder Aufträge anzunehmen, die wenig bringen. Überprüfen Sie, ob das wirklich der richtige Weg für Sie ist. Natürlich müssen Sie Geld verdienen – für Ihren Lebensunterhalt und auch, um Ihr noch nicht gewinnträchtiges Unternehmen aufzubauen. Viele Existenzgründer nehmen aber so viele und auch kraftraubende Nebenjobs an, dass ihnen kaum mehr Zeit und Kraft übrig bleibt, in ihrem eigenen Unternehmen zu arbeiten. Hier muss jedoch Ihre größte Energie hineinfließen. Suchen Sie sich daher einen Job, der Ihnen so viel Zeit und Energie lässt, dass Sie sich auf den Aufbau Ihres Geschäfts konzentrieren können. Nun glauben Sie vielleicht, das wäre leichter gesagt als getan. Aber ist denke, dass Sie mit etwas Überlegung und Glück zwei Fliegen mit einer Klappe schlagen können. Denken Sie einmal in Ruhe nach, was Sie zum Aufbau Ihres Unternehmens benötigen und in welchem zusätzlichen Job Sie diese Eigenschaft trainieren können und trotzdem Geld verdienen. Hierzu ein Beispiel:

Hilfreiche Aushilfsjobs annehmen

> Vielleicht stellen Sie fest, dass die Akquisition von Kunden eine Ihrer Schwächen ist, insbesondere das aktive und lockere Zugehen auf fremde Menschen. Dann lohnt es sich zu überlegen, ob Sie einen Aushilfsjob bekommen, in dem Sie viel direkt mit Kunden zu tun haben. Dies könnte zum Beispiel ein Call-Center sein oder eine andere Arbeit in der Akquisition.

Beispiel

Achten Sie bei der Auswahl Ihres Aushilfsjobs also immer darauf, dass Sie auch dort etwas trainieren, was Sie für Ihre Selbstständigkeit gebrauchen und einsetzen können. Es hat im oben genannten Fall keinen Sinn, dass Sie zum Beispiel Zeitungen austragen gehen. Dort werden Sie den Kontakt mit Menschen nicht lernen können.

Überprüfen Sie bei der Wahl eines Aushilfsjobs sorgfältig, ob dieser Ihnen auch zum Aufbau Ihres Unternehmens hilfreich sein kann, insbesondere, ob Sie dort Fähigkeiten trainieren können, die Sie auch sonst benötigen.

Übung:
Überprüfen wir gemeinsam, ob Sie über die Unternehmereigenschaft Finanzkraft verfügen.

1. Haben Sie finanzielle Rücklagen
   für mindestens ein Jahr? ☐ Ja ☐ Nein

2. Erhalten Sie bereits Einnahmen
   aus Ihrer unternehmerischen Tätigkeit? ☐ Ja ☐ Nein

3. Gibt es jetzt schon Stammkunden,
   die Ihnen im ersten Jahr ein Minimum
   an Einnahmen garantieren? ☐ Ja ☐ Nein

4. Kennen Sie Personen, bei denen Sie
   sich im Notfall Geld für Ihren
   Unternehmensstart leihen könnten? ☐ Ja ☐ Nein

5. Sind Sie schuldenfrei? ☐ Ja ☐ Nein

6. Verfügen Sie über einen Nebenjob,
   in dem Sie Fähigkeiten trainieren können,
   die Sie für Ihr Unternehmen benötigen?   ☐ Ja   ☐ Nein

Wenn Sie meistens mit Ja geantwortet haben, ist es um Ihre Finanzen einigermaßen gut bestellt. Diese müssen Sie jedoch ständig im Auge behalten.

Auswertung

Training: Finanzkraft

Finanzkraft können Sie nicht trainieren – Sie haben sie oder Sie haben sie nicht. Das, was Sie in diesem Zusammenhang jedoch trainieren können, ist die Fähigkeit, Ihre Rücklagen realistisch einzuschätzen, sie einzuteilen – und einen Nebenjob zu wählen, der Ihnen beides einbringt: Übung in Fähigkeiten, die Sie für Ihr Unternehmen benötigen, und Geld.

Schätzen Sie Ihre finanziellen Rücklagen realistisch ein. Wenn Sie einen Nebenjob wählen, suchen Sie sich einen, der auch Eigenschaften trainiert, die Sie für Ihr Unternehmen brauchen.

O: Originalität (USP)

In Ihren Rucksack passt so gut wie nichts mehr hinein – aber eines müssen Sie auf Ihrer unternehmerischen Wanderung unbedingt noch dabei haben – Originalität (USP). Der Begriff „USP" – Unique Selling Proposition – stammt aus dem Marketing und bedeutet so viel wie Einzigartigkeit des Produktes, Ihrer Marktidee, Ihrer Person. Um sich vom Wettbewerb abzuheben, ist es wichtig, dass Sie wissen, was Ihr

Angebot einzigartig macht. Einen richtigen USP zu finden ist heute sehr schwer. Vieles ist schon gedacht und ausprobiert worden. Neue Unternehmen bestechen häufig nicht mehr durch ihre Einzigartigkeit, sondern vielmehr durch die Art, wie sie geführt werden – mit welchem Engagement der Unternehmer zum Beispiel dahintersteht. Vielleicht denken Sie gerade an die vielen Wettbewerber in Ihrem Bereich, die Ähnliches anbieten wie Sie, und es fällt Ihnen schwer, einen USP zu entdecken.

Was ist Ihr USP? Auch wenn Ihre Unternehmensidee vielleicht nicht einzigartig ist, eines ist sicher: Die Art und Weise, wie Ihr Service aussieht und wie Sie Ihre Produkte am Markt anbieten, und nicht zuletzt Ihre Persönlichkeit sind einzigartig. Und dies sollten Sie herausstellen. Hierzu müssen Sie sich selbst gut kennen und sich Ihrer Wirkung auf andere bewusst sein. Wissen Sie um Ihre Stärken? Wenn nicht, wie finden Sie sie heraus? Und wie können Sie sich von anderen abgrenzen?

Ich möchte Ihnen vier Bereiche vorschlagen, mit denen Sie sich besonders beschäftigen sollten:

- die Zusammenstellung Ihrer Dienstleistungen oder Produkte,
- die Vermarktung dieser Services und Produkte,
- Ihr persönliches Marketing,
- Ihre Zusatzleistungen.

Die Zusammenstellung Ihrer Produkte Ihre Einzigartigkeit – Ihr USP – könnte zum Beispiel darin bestehen, dass Sie das, was Sie anbieten und vertreiben, in einer anderen Art und Weise zusammenstellen als andere. Was meine ich damit? Vielleicht möchten Sie ein Café aufmachen, als Trainerin arbeiten oder aber ein Einzelhandelsgeschäft gründen? Cafés gibt es bereits an jeder Straßenecke. Jedoch ist Ihre Speise- oder Getränkekarte eben etwas anders als die der Wettbewerber. In Hamburg hat gerade ein neues

Café aufgemacht – und zwar ein jüdisches, mit jüdischen Speisen und Getränken. Nicht die Idee, ein Café zu eröffnen, stellt hier den USP dar – vielmehr der Einfall, einen Bezug zur jüdischen Kultur des Stadtteils herzustellen, was sich in Speisen und Büchern sowie Kunstausstellungen widerspiegelt. Oder nehmen Sie Starbucks – die amerikanische Kaffeekette. Das Besondere dort ist nicht, dass man einen Kaffee trinken kann – sondern das gesamte Konzept. Es gibt außergewöhnliche Kaffeesorten und amerikanische Kuchen – die Atmosphäre ist eine andere als in einem typischen deutschen Café. Das macht den USP aus. Das Gleiche gilt für den Dienstleistungsbereich. Planen Sie, sich als Trainer selbstständig zu machen? Trainer gibt es viele. Aber die Auswahl Ihres Trainingsangebotes sowie die Verquickung mit Ihrem beruflichen Hintergrund und Ihrer Persönlichkeit – das ist einzigartig. Sie sehen, vielleicht ist nicht Ihr Produkt oder Service an sich einzigartig – spätestens aber die Zusammenstellung Ihres Angebots.

Die Vermarktung Ihres Angebots

Auch durch das Marketing Ihrer Services oder Produkte können Sie eine Alleinstellung erwerben. Dies ist streng genommen vielleicht kein USP, ich meine aber, es kann Ihre Einzigartigkeit begründen. Vergleichen wir hierzu zum Beispiel die Kaffeeketten Starbucks, Balzac und World Coffee. In all diesen Cafés können Sie ähnliche oder sogar gleiche Kaffeesorten bekommen – sowie amerikanische Kuchen. Alle drei Cafés betreiben aber in ihren Läden ein anderes Marketing. Schon die Gestaltung ist jeweils anders – und auch die Art und Weise, wie auf die Getränke aufmerksam gemacht wird. Auch Trainer stellen gleiche inhaltliche Angebote nach außen völlig anders dar. Legen Sie auf das Marketing Ihrer Produkte und Services Wert, um sich in diesem Bereich von Ihren Wettbewerbern abzuheben.

Ihr persönliches Marketing

Eines liegt natürlich auf der Hand: Sie sind als Unternehmer einzigartig. Die Art, wie Sie an die Gründung Ihres Unternehmens herangehen, wie Sie Ihre Leistungen verkaufen und vorstellen – das ist einmalig! Um diese Einmaligkeit ganz auszuschöpfen, sollten Sie sich Ihrer Wirkung auf andere bewusst sein. Setzen Sie gezielt Ihre Stärken ein und überlassen es nicht dem Zufall, was dem Kunden gegenüber besonders zum Vorschein kommt. Ihr persönliches Marketing können Sie vielfältig verstärken, etwa durch entsprechende Kleidung, Accessoires, die Wahl Ihrer Worte, Ihre Stimme – und die Art, wie Sie sich vorstellen, Gespräche führen.

Ihre Zusatzleistungen

Einzigartig machen Sie auch Ihre Zusatzleistungen. Vielleicht gibt es in Ihrem Café für die Gäste einen speziellen Keks kostenlos dazu oder eine Stoffserviette. Als Trainer bieten Sie eventuell eine besondere Art von Protokoll an – oder ein kostenloses Erstgespräch. Möglicherweise geben Sie auch einen Newsletter heraus. All diese Zusatzleistungen machen Ihr Unternehmen einzigartig.

Die individuelle Art, Ihr Unternehmen zu führen, kann sich in der Zusammenstellung Ihrer Dienstleistungen oder Produkte, in der Vermarktung Ihres Angebots, in Ihrem persönlichen Marketing sowie in Ihren Zusatzleistungen zeigen.

Übung:
Wie überprüfen Sie, ob Sie sich und Ihr Unternehmen einzigartig darzustellen wissen?

1. Kennen Sie Ihre potenziellen
   Wettbewerber?   ☐ Ja ☐ Nein

2. Ist Ihnen bewusst, was Sie anders
   machen als Ihre Konkurrenz?   ☐ Ja ☐ Nein

3. Kennen Sie die Stärken Ihrer
   persönlichen Ausstrahlung?   ☐ Ja ☐ Nein

4. Setzen Sie diese gezielt ein?   ☐ Ja ☐ Nein

5. Versuchen Sie immer wieder Aspekte
   zu finden, die Sie einzigartig machen? ☐ Ja ☐ Nein

Wenn die Antwort „Ja" überwiegt, so sind Sie auf dem richtigen Weg. Seien Sie sich stets bewusst, dass es wichtig für
Ihren Unternehmenserfolg ist, Ihre Einzigartigkeit herauszu-
stellen.

Auswertung

Training: Originalität

Wie können Sie die Fähigkeit trainieren, Ihre Unverwechsel-
barkeit als Unternehmereigenschaft bewusst einzusetzen?

Ihr erster Schritt sollte sein, dass Sie den Markt und Ihre
Wettbewerber genau beobachten. Was stellen diese als Be-
sonderheit heraus, obwohl sie vielleicht das Gleiche anbieten
wie Sie? Welches Feedback geben Ihnen Ihre Kunden dazu,
was Sie besonders wertvoll für diese macht? Wenn Sie dieses

Feedback nicht automatisch erhalten, sollten Sie hin und wieder bei Ihren Kunden nachfragen. Setzen Sie diese Ergebnisse um, indem Sie Ihre Stärken strategisch in Ihre Akquisition und Ihr Marketing integrieren.

Trainieren Sie es, sich als einzigartig zu präsentieren. Holen Sie hierzu Informationen darüber ein, was Ihre Kunden an Ihnen schätzen. Beobachten auch Ihren Wettbewerb. Was stellt dieser besonders heraus?

L: Leidenschaft

Unser Rucksack ist mittlerweile schon sehr gut gefüllt. Es bleibt kaum mehr Platz für weitere Dinge. Daher müssen wir uns gut überlegen, womit wir den restlichen Platz füllen. Ich schlage als weiteren Proviant Leidenschaft vor. Nun mag der eine oder andere von Ihnen fragen, was Leidenschaft, also Emotion, in dem Geschäftsrucksack zu suchen hat. Gehört Leidenschaft nicht eher in den Rucksack, den Sie für Urlaub oder Freizeit packen? Ich meine nein. Ich bin fest davon überzeugt, dass man überdurchschnittliche Leistungen nur dann erbringen kann, wenn man seine Sache mit Leidenschaft angeht. Da es unendlich viele Anbieter auf dem Markt gibt, die Gleiches oder Ähnliches wie Sie offerieren, ist es umso wichtiger, leidenschaftlich hinter Ihren Ideen zu stehen. Denn nur dann, wenn Sie selbst Ihre Dienstleistungen und Produkte mit Leidenschaft vertreiben – und mit Leidenschaft leben –, wird der Kunde eine Begehrlichkeit verspüren.

Beispiel

Kennen Sie dieses Phänomen? Sie betreten eine Bäckerei, und die Verkäufer gehen distanziert und leidenschaftslos mit ihren Backwaren um – vielleicht haben sie sie noch nicht einmal selbst probiert. Das Angebot lässt Sie relativ kalt. Sie gehen in eine andere Bäckerei – und die Leute stehen Schlange, obwohl die Backwaren aus ähnlichen Zutaten gefertigt wurden. Dort steht der Bäcker jedoch hinter seinen Waren, er erklärt Ihnen begeistert, wie er die einzelnen Brote und Kuchen herstellt, Sie spüren, mit wie viel Liebe er dies tut. Er berichtet Ihnen von den Eindrücken und Geschmäckern, die Sie beim Essen seines Backwerks haben und erleben werden, und Sie kaufen nicht nur ein Brot, sondern Sie lassen sich von der Begeisterung des Bäckers für seine eigenen Backwaren anstecken und verführen. Sie verlassen das Geschäft mit einer prall gefüllten Tasche voller leckerer Kringel und Tortenstücke. Zu Hause angekommen genießen Sie jedes einzelne Teil und denken dabei an die Freude, mit der der Bäcker sein Sortiment vorgestellt hat.

Jeder will verführt werden

Wir alle wollen in einer Welt, in der es alles im Überfluss gibt, leidenschaftlich verführt werden. Wir möchten, dass unsere Lust geweckt wird, etwas zu erwerben, dass jeder Kauf und jede in Anspruch genommene Leistung für uns zum Erlebnis wird. Dieses Gefühl werden Sie bei Kunden nur dann wecken können, wenn Sie mit Leidenschaft und Seele hinter Ihrer Dienstleistung oder Ihrem Produkt stehen. Sie müssen davon überzeugt sein, dass Sie dem Kunden ein besonderes Erlebnis schenken.

Um Begehrlichkeiten bei Ihren Kunden zu wecken, müssen Sie für Ihre Sache brennen. Finden Sie geeignete Kommunikationsmittel, um Ihre Leidenschaft zum Käufer zu transportieren.

135

Übung:
Woran merken Sie, ob Sie mit Leidenschaft hinter Ihrer Dienstleistung, Ihrer Geschäftsidee oder Ihrem Produkt stehen?

1. Brennen Sie für Ihre Unternehmens-
   idee?   ☐ Ja ☐ Nein

2. Können Sie sich zurzeit keine bessere
   Tätigkeit vorstellen, als Ihr Unternehmen zu gründen und auszubauen?   ☐ Ja ☐ Nein

3. Sind Sie bereit, sich für Ihr Unternehmen mit ganzem Herzen
   einzusetzen?   ☐ Ja ☐ Nein

4. Können Sie stundenlang begeistert
   über Ihr Produkt oder Ihre Services
   sprechen?   ☐ Ja ☐ Nein

Auswertung Sie werden anhand der Antworten sicher erkannt haben, ob Sie mit Leidenschaft Ihre Produkte und Leistungen leben. Wenn Sie oft Nein sagen mussten, sollten Sie sich ernsthaft überlegen, ob Sie Ihr Unternehmen in der geplanten Weise gründen.

Training: Leidenschaft

Wie trainieren Sie Leidenschaft, wenn Sie merken, dass Sie noch nicht genug für Ihre Sache brennen? Es gibt zwei Wege. Der erste ist, dass Sie von vornherein am Markt nur die Produkte und Dienstleistungen anbieten, von denen Sie selbst begeistert sind. Wenn Ihre Services schon feststehen, dann konzentrieren Sie sich auf deren positive Eigenschaften. Was ist das Besondere an Ihren Produkten und Leistungen – was findet Ihr Kunde an Ihrem Angebot außergewöhnlich, was begeistert ihn? Machen Sie sich das zu eigen und konzentrieren Sie sich darauf, wenn Sie Ihr Angebot vorstellen.

Bieten Sie nur Produkte oder Dienstleistungen an, hinter denen Sie wirklich stehen und die Sie selbst begeistern. Beobachten Sie, was Ihre Kunden an Ihrem Angebot begeistert, und verinnerlichen Sie das und nutzen es bei der nächsten Präsentation.

G: Gute Geschäftsidee

Ihr Rucksack ist gepackt. Bevor Sie sich diesen auf den Rücken schnallen und sich auf eine abenteuerliche Expedition begeben, sehen Sie eine kleine Außentasche, die noch leer ist. Wie wollen Sie diese füllen? Haben Sie alles, um sich auf den langen Weg zu machen? Eines fehlt meines Erachtens noch: eine gute Geschäftsidee.

Eine gute Geschäftsidee war vor einigen Jahren das Erste, was Unternehmensgründer in den Rucksack packten. Dies ist heute etwas anders. Da es die meisten Produkte und Dienstleistungen schon gibt, schauen sich viele Existenzgründer von Wettbewerbern Dinge ab und beschließen, dass sie dies genauso gut können. Sie bieten demnach ähnliche oder sogar gleiche Leistungen an, ohne die Geschäftsidee zu erweitern oder zu verändern. Umso enttäuschter sind sie, wenn das Business nicht so erfolgreich ist wie erhofft. Ich möchte ein Beispiel geben.

Die Idee stand früher am Anfang

Beispiel

Es machen sich zurzeit unendlich viele Menschen im Bereich Coaching selbstständig. Für viele ist es ein großer Traum, andere bei Veränderungen zu begleiten, ihnen zur Seite zu stehen und sie zu unterstützen. Dafür haben sie die unterschiedlichsten Motive. Antrieb hierfür ist zum Beispiel, dass man sich selbst in gewissen Lebensphasen einen Coach gewünscht hätte, sich selbst besser kennen lernen möchte und dabei das professionelle Business-Coaching mit eigener Selbsterfahrung verwechselt, charismatische Coaches und Trainer zum Vorbild nimmt und diesen nacheifert oder mit dem Coaching von anderen Menschen verbindet, sich nicht mehr in Unternehmen ein- oder unterordnen zu müssen, sondern seinen eigenen Weg zu gehen. Einiges stimmt sicher – andere hier genannte Vorstellungen sind meines Erachtens völlig falsch. Nur die wenigsten sind jedoch bereit, das zu hinterfragen – müssten sie dann doch ihren Traum vom erfolgreichen Coach aufgeben. Es ist eben keine neue und außergewöhnliche Geschäftsidee mehr, sich als Coach selbstständig zu machen – umso weniger, wenn man kein klares abgegrenztes Profil bieten kann. Dies schreckt jedoch die meisten Existenzgründer nicht ab. Das böse Erwachen findet erst dann statt, wenn die Fördergelder aufgebraucht sind und keine Einnahmen kommen.

Prüfen Sie daher zum Beispiel nach der Walt-Disney-Strategie Ihre Geschäftsidee auf Herz und Nieren (siehe Seite 42f.) und berücksichtigen Sie alle Einwendungen, die Ihnen einfallen. Kommen Sie darüber hinweg oder sind die Einwände Gründe, die Idee nicht umzusetzen? Eines sei an dieser Stelle gesagt: Ob Ihre Geschäftsidee trägt, ob Sie also Ihr Produkt oder Ihren Service erfolgreich im Markt platzieren können, entscheidet sich erst, wenn Sie operativ tätig werden. Daher sollten Sie – nach sorgfältiger Prüfung – in der Praxis überprüfen, ob sich Ihre Idee verwirklichen lässt.

Prüfen Sie vor der Umsetzung Ihre Geschäftsidee auf Herz und Nieren. Hinterfragen Sie alle Einwendungen. Ob Ihre Idee am Markt erfolgreich ist oder nicht, lässt sich allerdings nur am Markt überprüfen.

Übung:

Haben Sie eine gute Geschäftsidee? Lassen Sie uns dies gemeinsam überprüfen.

1. Haben Sie eine konkrete Geschäftsidee? ☐ Ja ☐ Nein

2. Wird Ihre Businessidee schon von anderen im Markt gelebt? ☐ Ja ☐ Nein

3. Haben Sie Ihre Idee nach dem Walt-Disney-Modell überprüft? ☐ Ja ☐ Nein

4. Haben Sie Experten Ihr Konzept präsentiert und von diesen bewerten lassen? ☐ Ja ☐ Nein

Je konkreter Ihr Geschäftsmodell aussieht, desto besser. Holen Sie sich vor Umsetzung Ihrer Geschäftsidee auf jeden Fall ein Feedback von Experten ein, etwa von der IHK oder von Branchenvertretern.

Auswertung

Training: Gute Geschäftsidee

Vielleicht stellen Sie fest, dass Sie derzeit noch keine tragfähige Geschäftsidee haben. Wie trainiert man die Fähigkeit, gute Geschäftsideen zu kreieren? Durch Inspiration von außen und den Mut, quer- und neu zu denken. Hierzu möchte ich auf meine Ausführungen im Kapitel *Unternehmergeist* (siehe Seite 62) verweisen.

> **Gute Geschäftsideen erfordern es, neu und querzudenken und bewährte Geschäftsmodelle und Services in Frage zu stellen.**

Übung:

Nachdem wir nun gemeinsam den Unternehmerrucksack gepackt haben und wissen, welche Eigenschaften ein Existenzgründer mitbringen sollte, können wir auch ein Stellenprofil für einen Unternehmer entwerfen (siehe Seite 58). Stellen Sie sich vor, Sie haben in der FAZ ein Kontingent, eine Anzeige mit 20 Zeilen zu schalten – wie sieht diese Anzeige aus? Notieren Sie Ihren Text bitte auf einem Blatt Papier.

Auswertung

Wie sieht Ihre Anzeige aus? Fiel es Ihnen leicht, sie zu formulieren? Welche Unternehmereigenschaften haben Sie dort aufgenommen – welche nicht? Eine Idee wäre, dass Sie sich diese Anzeige an einem gut sichtbaren Platz in Ihrem Arbeitsbereich aufhängen, um sich ins Bewusstsein zu rufen, welche Unternehmereigenschaften Sie leben – oder trainieren – sollten, damit Sie dem erfolgreichen Unternehmertum ein Stück näher kommen. Sie heben sich vermutlich auch Anzeigen auf, die Sie interessant finden, wenn Sie eine neue Arbeitsstelle suchen – warum sollten Sie daher nicht auch Ihr Unternehmerprofil aufhängen, um sich daran zu erinnern und zu orientieren?

Ausblick
und Schlusswort

Gedanklich haben wir uns gemeinsam auf eine lange Wanderung vorbereitet und den Reiserucksack gepackt. Nun geht es darum, die Reise auch anzutreten und den Weg zu gehen. Ich würde Sie als Reisegefährtin gerne begleiten, nur wandere ich gerade in anderen Gebieten. Sie werden bei Ihrer Wanderung aber nicht alleine sein, auf vielen Wegen oder an Kreuzungen – oder an einer Berghütte, wo Sie sich stärken – werden Sie andere Existenzgründer und Unternehmer treffen, die einen ähnlichen Rucksack wie Sie auf dem Rücken tragen. Sie werden sich erkennen und austauschen – und das macht Mut und gibt Kraft für den weiteren Weg. Und eines Tages werden Sie die erste Bergspitze erreicht haben und sich dort feiern!

Gehen Sie mutig die ersten Schritte – wir haben uns gemeinsam gut vorbereitet, Ihnen kann nichts passieren. Sie sind für alle Fälle gerüstet – und ein Griff in Ihren Rucksack wird mögliche Herausforderungen beantworten.

Ich wünsche Ihnen großen Erfolg bei der Umsetzung Ihrer Unternehmensidee! Viel Spaß dabei!

Literatur

Bonneau, Elisabeth: *Stilvoll zum Erfolg. Der moderne Business-Knigge.* Hoffmann und Campe, Frankfurt a. M. und New York, 2004

Bonnemeier, Sandra: *Praxisratgeber Existenzgründung. Erfolgreich starten und auf Kurs bleiben.* dtv, München, 2008

Hofert, Svenja: *Praxisbuch Existenzgründung. Erfolgreich selbstständig werden und bleiben.* Eichborn, Frankfurt a. M., 2007

Lutz, Andreas: *Jetzt sind Sie Unternehmer.* Linde Verlag, Wien, 2008

Maucher, Helmut: *Management-Brevier. Ein Leitfaden für unternehmerischen Erfolg.* Campus Verlag, Frankfurt und New York, 2007

Morin, William: *Durchstarten zum Erfolg.* Verlag Moderne Industrie, München, 2001

Öttl, Christine: *Selbstmarketing.* Gräfe und Unzer, München, 2005

Scheddin, Monika: *Erfolgsstrategie Networking. Business-Kontakte knüpfen, organisieren und pflegen – mit großem Adressteil.* Bildung und Wissen, Nürnberg, 2005

Nützliche Links

- Bundesverband junger Unternehmer www.bju.de

- Arbeitsverband selbstständiger Unternehmer www.asu.de

- HEI – Hamburger Existenzgründer Initiative www.hei-hamburg.de

- Verband deutscher Unternehmerinnen www.vdu.de

- Existenzgründungsportal des BMWI www.existenzgruender.de

- www.checkliste.de

- Wirtschaftsjunioren www.wjd.de

- www.gruendungszuschuss.de

- Agentur für Arbeit www.arbeitsagentur.de

- Deutsche Industrie und Handelskammer www.dihk.de

- www.geschaeftsidee.de

Register

Über die Autorin

Carmen Schön, geboren 1967 in Bremen, stammt aus einem Unternehmerhaushalt und studierte Jura (Ass. Jur.) und Psychologie in Hamburg, Speyer und New York. Es folgten Ausbildungen zur Trainerin (DVNLP), zum Business Coach (dvct) und zur systemischen Organisationsberaterin (Alwart + Team) sowie zur Mediatorin.
Nach der TV-Moderation der RTL-Sendung *Wir kämpfen für Sie* wurde sie Justiziarin bei der MobilCom. Anschließend war sie Mitgründerin der freenet.de AG und verantwortete die Bereiche Recht, Regulierung und Beteiligungsmanagement. Es folgte der Aufbau des internationalen Vertriebs einer Tochter der Deutschen Telekom AG (Schwerpunkt West- und Osteuropa). Nach der Partnerschaft in einer Unternehmensberatung gründete sie 2003 ihr eigenes Unternehmen (www.carmenschoen.de und www.juristische-akademie.de). Heute trainiert und coacht sie Unternehmer und Führungskräfte in Unternehmen, moderiert Veranstaltungen und begleitet strategische Organisationsveränderungen. Von 2005 bis 2007 war sie Vorstandsmitglied des Bundesverbands Junger Unternehmer (BJU). Carmen Schön ist Dozentin an der Fakultät für Rechtswissenschaften, Hamburg, der Hamburg Media School (HMS) sowie der Steinbeis Universität. Speziell Unternehmensgründer trainiert sie über die Hamburger Existenzgründer Initiative (HEI). Carmen Schön lebt in Hamburg.

GABAL: Ihr „Netzwerk Lernen" – ein Leben lang

Ihr Gabal-Verlag bietet Ihnen Medien für das persönliche Wachstum und Sicherung der Zukunftsfähigkeit von Personen und Organisationen. „GABAL" gibt es auch als Netzwerk für Austausch, Entwicklung und eigene Weiterbildung, unabhängig von den in Training und Beratung eingesetzten Methoden: GABAL, die **G**esellschaft zur Förderung **An**wendungsorientierter **B**etriebswirtschaft und **A**ktiver **L**ehrmethoden in Hochschule und Praxis e.V. wurde 1976 von Praktikern aus Wirtschaft und Fachhochschule gegründet. Der Gabal-Verlag ist aus dem Verband heraus entstanden. Annähernd 1.000 Trainer und Berater sowie Verantwortliche aus der Personalentwicklung sind derzeit Mitglied.

Die Mitgliedschaft gibt es quasi ab 0 Euro!
Aktive Mitglieder holen sich den Jahresbeitrag über geldwerte Vorteil zu mehr als 100% zurück: Medien-Gutschein und Gratis-Abos, Vorteils-Eintritt bei Veranstaltungen und Fachmessen. **Hier treffen Sie Gleichgesinnte, wann, wo und wie Sie möchten:**

- Internet: Aktuelle Themen der Weiterbildung im Überblick, wichtige Termine immer greifbar, Thesen-Papiere und gesichertes Know-how inform von White-papers gratis abrufen
- Regionalgruppe: auch ganz in Ihrer Nähe finden Treffen und Veranstaltungen von GABAL statt – Menschen und Methoden in Aktion kennen lernen
- Jahres-Symposium: Schnuppern Sie die legendäre „GABAL-Atmosphäre" und diskutieren Sie auch mit „Größen" und „Trendsettern" der Branche.

Über Veröffentlichungen auf der Website (Links, White-papers) steigen Mitglieder „im Ansehen" der Internet-Suchmaschinen.
Neugierig geworden? Informieren Sie sich am besten gleich!

Lernen Sie das Netzwerk Lernen unverbindlich kennen.
Die aktuellen Termine und Themen finden Sie im Web unter **www.gabal.de.**
E-Mail: info@gabal.de.

Telefonisch erreichen Sie uns per 06132.509 50-90.

„Es ist viel passiert, seit Gründung von GABAL: Was 1976 als Paukenschlag begann, ... wirkt weit in die Bildungs-Branche hinein: Nachhaltig Wissen und Können für künftiges Wirken schaffen ..."
(Prof. Dr. Hardy Wagner, Gründer GABAL e.V.)